BREVES RESPOSTAS PARA GRANDES QUESTÕES

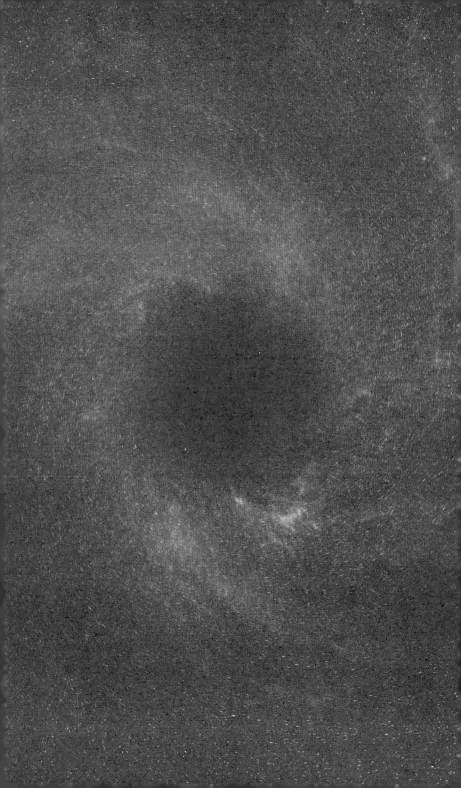

STEPHEN HAWKING

BREVES RESPOSTAS PARA GRANDES QUESTÕES

TRADUÇÃO DE
CÁSSIO DE ARANTES LEITE

REVISÃO TÉCNICA DE
AMÂNCIO FRIAÇA
ASTROFÍSICO DO INSTITUTO DE ASTRONOMIA, GEOFÍSICA
E CIÊNCIAS ATMOSFÉRICAS DA USP

Copyright © Spacetime Publications Limited 2018
Prefácio © Eddie Redmayne 2018
Introdução © Kip S. Thorne 2018
Posfácio © Lucy Hawking 2018

TÍTULO ORIGINAL
Brief answers to the big questions

REVISÃO
Marina Góes
Victor Almeida

CAPA, PROJETO GRÁFICO E DIAGRAMAÇÃO
Julio Moreira | Equatorium Design

ARTE FINAL
Márcia Quintella

IMAGENS
pg. 6: Cortesia de Mary Hawking
pg. 243: © Andre Pattenden

CIP-BRASIL. CATALOGAÇÃO NA PUBLICAÇÃO
SINDICATO NACIONAL DOS EDITORES DE LIVROS, RJ

H325b

    Hawking, Stephen, 1942-2018
        Breves respostas para grandes questões / Stephen Hawking ; tradução Cássio de Arantes Leite ; revisão técnica de Amâncio Friaça. - [2. ed.]. - Rio de Janeiro : Intrínseca, 2024.
        21 cm

        Tradução de: Brief answers to the big questions
        "Edição brochura"
        ISBN 978-85-510-1025-9

        1. Cosmologia. 2. Astrofísica. I. Leite, Cássio de Arantes. II. Friaça, Amâncio. III. Título.

24-88254

CDD: 523.1
CDU: 524

Meri Gleice Rodrigues de Souza - Bibliotecária - CRB-7/6439

[2024]
Todos os direitos desta edição reservados à
Editora Intrínseca Ltda.
Av. das Américas, 500, bloco 12, sala 303
22640-904 – Barra da Tijuca
Rio de Janeiro – RJ
Tel. / Fax.: (21) 3206-7400
www.intrinseca.com.br

SUMÁRIO

Prefácio: Eddie Redmayne	9
Introdução: Kip S. Thorne	13
Por que formular as grandes questões?	25
1. Deus existe?	47
2. Como tudo começou?	63
3. Existe outra vida inteligente no universo?	89
4. Podemos prever o futuro?	111
5. O que há dentro de um buraco negro?	123
6. A viagem no tempo é possível?	147
7. Sobreviveremos na Terra?	169
8. Deveríamos colonizar o espaço?	189
9. A inteligência artificial vai nos superar?	207
10. Como moldaremos o futuro?	223
Posfácio: Lucy Hawking	237
Agradecimentos	245
Índice	246

NOTA DO EDITOR

Cientistas, magos da tecnologia, grandes empresários, líderes políticos e o público em geral perguntavam com frequência a Stephen Hawking o que ele achava das grandes questões. Stephen manteve um arquivo pessoal gigantesco com suas respostas, que tomaram a forma de discursos, entrevistas e ensaios.

Este livro foi extraído de seu arquivo pessoal e estava sendo desenvolvido na época de seu falecimento. Ele foi completado com a colaboração de seus colegas do mundo acadêmico, sua família e da Stephen Hawking Estate.

Uma porcentagem dos direitos será destinada à caridade.

PREFÁCIO

Eddie Redmayne

Quando me encontrei com Stephen Hawking pela primeira vez, fiquei admirado com sua extraordinária energia e sua vulnerabilidade. Devido a minha pesquisa, eu já estava familiarizado com a determinação daquele olhar aliada ao corpo imóvel — interpretara Stephen no filme *A teoria de tudo* havia pouco tempo, e por isso eu tinha passado vários meses estudando sua obra e a natureza de sua deficiência, tentando aprender a usar meu corpo para expressar a evolução da esclerose lateral amiotrófica (ELA) ao longo do tempo.

Mesmo assim, quando finalmente conheci Stephen — o ícone, o cientista de talento fenomenal, cuja principal forma de comunicação se dava por uma voz computadorizada em conjunto com sobrancelhas excepcionalmente expressivas —, fiquei pasmo. Tenho a tendência de ficar nervoso com silêncios e acabo por falar demais, ao passo que Stephen compreende perfeitamente o poder do silêncio, o poder de se sentir sob escrutínio.

Sem jeito, decidi conversar com ele sobre a proximidade de nossos aniversários, o que nos fazia ter o mesmo signo. A resposta veio em alguns minutos: "Sou astrônomo. Não astrólogo." Ele também insistiu que eu o chamasse de Stephen e parasse de chamá-lo de professor. Bem que me avisaram…

Retratar Stephen foi uma oportunidade extraordinária. O que me atraíra para o papel fora a dualidade entre seu triunfo externo na pesquisa científica e a batalha interna contra a ELA, que começara quando ele tinha vinte e poucos anos. Sua história de empenho humano, vida familiar, conquistas acadêmicas excepcionais e atitude desafiadora contra todos os obstáculos foi única, complexa e rica. Embora quiséssemos retratar a inspiração, também queríamos exibir a fibra e a coragem demonstradas tanto na vida de Stephen como na dos responsáveis por seus cuidados.

Mas era igualmente importante demonstrar a faceta do grande showman que ele era. Em meu trailer, acabei recorrendo a três imagens. A primeira, de Einstein mostrando a língua, porque Stephen Hawking também tem esse caráter brincalhão. Outra era a figura do Coringa titereiro em um baralho de cartas, porque, para mim, Stephen sempre teve as pessoas na palma da mão. E a terceira era James Dean. E foi disso que tirei proveito ao conhecê-lo — de seu brilho e de seu senso de humor.

A maior pressão de interpretar alguém vivo é ter de prestar contas pela atuação à pessoa retratada. No caso de Stephen, também à sua família, tão generosa comigo durante minha preparação para o filme. Antes de Stephen comparecer à estreia, ele me avisou: "Vou dizer se achei bom. Ou outra coisa." Respondi que, se fosse "outra coisa", talvez ele pudesse apenas dizer "outra coisa" e me poupar dos detalhes excruciantes! Generosamente, Stephen disse que gostou. Ele ficou comovido, mas como todo mundo sabe, afirmou também que esperava ter visto mais física e menos sentimentos. Isso não se discute.

Desde *A teoria de tudo*, sigo em contato com a família de Stephen Hawking. Fiquei emocionado quando me convidaram a ler um texto em seu funeral. Foi um dia incrivelmente triste, mas iluminado, repleto de amor, lembranças felizes e reflexões sobre esse homem tão corajoso, que guiou o mundo por meio de sua ciência e de sua luta por reconhecimento e oportunidades de crescimento adequadas para pessoas com deficiência.

Perdemos uma mente verdadeiramente bela, um cientista admirável e o homem mais engraçado que já tive o prazer de conhecer. E conforme sua família me disse quando ele morreu, sua obra e seu legado continuarão vivos. Desse modo, é com tristeza, mas também com grande satisfação, que apresento esta coletânea de textos sobre temas diversos e fascinantes. Espero que você aprecie o que ele escreveu e, para citar Barack Obama, espero que Stephen esteja se divertindo em algum lugar por aí, entre as estrelas.

Com amor,
Eddie

INTRODUÇÃO

Professor Kip S. Thorne

CONHECI STEPHEN HAWKING EM JULHO DE 1965, EM LONDRES, ao participar de uma conferência sobre relatividade geral e gravitação. Stephen estava fazendo o doutorado na Universidade de Cambridge; eu acabara de terminar o meu, em Princeton. Pelos auditórios, corriam rumores de que Stephen pensara em uma explicação irresistível de como nosso universo *deve necessariamente* ter surgido em algum momento finito no passado. Ele não pode ser infinitamente antigo.

Assim, para escutar Stephen falar, me espremi com mais de cem pessoas em uma sala projetada para quarenta. Ele se apoiava em uma bengala para andar e sua voz era um pouco arrastada. Fora isso, manifestava sinais apenas discretos da doença do neurônio motor, cujo diagnóstico recebera havia apenas dois anos. Era notório que sua mente não tinha sido afetada. Seu raciocínio lúcido se baseava nas equações da relatividade geral de Einstein e nas observações astronômicas de que nosso universo está em expansão, bem como em algumas suposições simples que, muito provavelmente, eram verdadeiras e faziam uso de novas técnicas matemáticas desenvolvidas por Roger Penrose. Combinando tudo isso de maneira inteligente, irresistível e convincente, Stephen deduziu seu resultado: nosso universo deve ter começado em algum tipo de estado singular, há cerca de 10 bilhões de anos. (Na década seguinte, Stephen e Roger, juntando esforços, provariam esse início singular do tempo de forma cada vez mais convincente e, na mesma medida, também provariam que o âmago de todo buraco negro é ocupado por uma singularidade onde o tempo termina.)

Saí muito impressionado da conferência de Stephen em 1965. Não apenas com sua argumentação e conclusão, mas principalmente com seus insights e criatividade. Por isso o procurei e passei uma hora conversando com ele a sós. Foi o início de uma amizade que duraria a vida inteira, baseada não apenas em interesses científicos em comum, mas também em uma notável empatia de ambas as partes, uma capacidade misteriosa de compreender um ao outro como seres humanos. Não demorou para passarmos mais tempo conversando sobre nossas vidas e nossos entes queridos — e até sobre a morte — do que sobre ciência, embora a ciência ainda fosse a maior parte da liga que nos mantinha unidos.

Em setembro de 1973, levei Stephen e sua esposa, Jane, para Moscou. Apesar da exasperante Guerra Fria, desde 1968 eu passava um mês na capital russa a cada dois anos, colaborando na pesquisa com os membros de um grupo liderado por Iakov Borisovitch Zel'dovitch. Iakov era um astrofísico esplêndido e também pai da bomba de hidrogênio soviética. Devido a seus segredos nucleares, ele estava proibido de viajar para a Europa ocidental ou aos Estados Unidos. O homem sonhava em debater com Stephen, mas não podia ir até ele. Assim, fomos a seu encontro.

Em Moscou, Stephen empolgou Zel'dovitch e centenas de outros cientistas com seus insights, e Zel'dovitch, por sua vez, também lhe ensinou uma ou duas coisinhas. Foi uma tarde memorável a que passamos com ele e seu aluno de doutorado, Alexei Starobinski, no quarto de Stephen no Hotel Rossia. Zel'dovitch explicou de maneira intuitiva uma descoberta extraordinária que fizeram, e Starobinski a detalhou matematicamente.

É necessária energia para um buraco negro girar. Já sabemos disso. Um buraco negro, explicaram eles, pode usar a energia de rotação para criar partículas, que sairão voando, transportando a energia de rotação consigo. Isso era novo e surpreendente — mas não surpreendente demais. Quando um objeto tem energia de movimento, a natureza costuma encontrar um modo de extraí-la. Já conhecíamos outras formas de extrair energia da rotação de um buraco negro; esse era apenas um novo jeito, embora inesperado.

Ora, o grande valor desse tipo de conversa é que pode despertar novas linhas de pensamento. E assim foi com Stephen. Ele ruminou sobre a descoberta de Zel'dovitch/Starobinski por vários meses, observando-a por outros ângulos, até que um dia ela deflagrou um insight verdadeiramente radical em sua mente: depois que um buraco negro para de girar, ele ainda pode emitir partículas. O buraco negro pode emitir radiação assim como o Sol, como se estivesse quente — embora não muito, apenas morno. Quanto mais pesado o buraco negro, mais baixa a temperatura. Um buraco que pese tanto quanto o Sol tem temperatura de 0,00000006 Kelvin, 0,06 milionésimos de grau acima do zero absoluto. A fórmula para essa temperatura está hoje gravada na lápide de Stephen na abadia de Westminster, em Londres, onde suas cinzas repousam, entre os túmulos de Isaac Newton e Charles Darwin.

Essa "temperatura Hawking" do buraco negro e sua "radiação Hawking" (como vieram a ser chamadas) foram realmente radicais; talvez a mais radical descoberta da física teórica da segunda metade do século XX. Ela abriu nossos olhos para ligações profundas entre a relatividade geral (buracos negros), a termodinâmica (física do calor) e a física quântica (a criação de partículas onde antes não havia nenhuma). Por exemplo, levou Stephen a provar que um buraco negro possui *entropia*, ou seja, em algum lugar dentro ou em torno dele há uma aleatoriedade colossal. Ele deduziu que a quantidade de entropia (o logaritmo da quantidade de aleatoriedade do buraco negro) é proporcional à área da superfície do mesmo. Sua fórmula da entropia está gravada em uma pedra memorial no Gonville & Caius College, em Cambridge, Inglaterra, onde ele trabalhou.

Nos últimos 45 anos, Stephen e centenas de outros físicos lutaram para compreender a natureza específica da aleatoriedade de um buraco negro. É uma questão que continua a gerar novos insights sobre o casamento da teoria quântica com a relatividade geral; ou seja, sobre as mal compreendidas leis da gravidade quântica.

No outono de 1974, Stephen trouxe seus alunos de doutorado e a família (sua esposa, Jane, com os dois filhos do casal, Robert e Lucy) a Pasadena, Califórnia, onde ficaram por um ano, de modo que ele e seus orientandos pudessem participar da vida intelectual de minha universidade, a Caltech, e se unir temporariamente a meu grupo de pesquisa. Foi um ano *glorioso*, que, em seu auge, chegou a ser chamado de "a era de ouro da pesquisa em buracos negros".

Durante esse período, Stephen, parte de nossos alunos e eu tentamos chegar a uma compreensão mais profunda a respeito dos buracos negros. Mas a presença de Stephen e sua liderança em nossa pesquisa conjunta sobre o tema me proporcionou liberdade para ir atrás de uma nova direção que eu vinha contemplando havia alguns anos: as *ondas gravitacionais*.

Há apenas dois tipos de ondas que podem viajar através do universo e nos trazer informação de coisas muito distantes: as ondas eletromagnéticas (o que incluiu a luz, raios X, raios gama, micro-ondas, ondas de rádio etc.) e as ondas gravitacionais.

Ondas eletromagnéticas consistem em forças elétricas e magnéticas oscilantes que viajam à velocidade da luz. Quando incidem sobre partículas carregadas, como os elétrons em uma antena de rádio ou tevê, elas sacodem essas partículas de um lado para o outro, depositando nelas a informação transportada pelas ondas. Essa informação pode ser amplificada e transmitida para um alto-falante ou uma tela de tevê a fim de que os seres humanos a compreendam.

Ondas gravitacionais, segundo Einstein, consistem de uma distorção espacial oscilante: um estiramento e uma compressão oscilantes do espaço. Em 1972, Rainer "Rai" Weiss, do MIT, inventou um detector de ondas gravitacionais em que espelhos presos internamente na curva e nas extremidades de um tubo a vácuo em forma de L são afastados ao longo de um dos braços do L pelo estiramento do espaço e aproximados ao longo do outro braço devido a compressão do espaço. A luz do laser podia extrair a informação da onda gravitacional, e o sinal podia depois ser amplificado e inserido em um computador para a compreensão humana.

O estudo do universo com o auxílio de telescópios eletromagnéticos (astronomia eletromagnética) foi iniciado por Galileu quando construiu um pequeno telescópio óptico, apontou-o para Júpiter e revelou a existência das quatro grandes luas do planeta. Durante os quatrocentos anos transcorridos desde então, a astronomia eletromagnética revolucionou por completo nosso entendimento do universo.

Em 1972, meus alunos e eu passamos a pensar no que poderíamos aprender sobre o universo usando ondas gravitacionais:

começamos a desenvolver uma visão para a astronomia de ondas gravitacionais. Como as ondas gravitacionais são uma forma de distorção espacial, elas são produzidas com mais intensidade por objetos que em si são compostos inteira ou parcialmente de espaço-tempo distorcidos — ou seja, principalmente por buracos negros. Concluímos que as ondas gravitacionais são a ferramenta ideal para explorar e testar os insights de Stephen sobre eles.

De uma forma mais geral — ao que nos pareceu —, a diferença entre as ondas gravitacionais e as ondas eletromagnéticas é tão radical que nos aproxima de uma revolução em nosso entendimento do universo, comparável talvez à extraordinária revolução eletromagnética que se seguiu a Galileu — *se* essas ondas elusivas pudessem ser detectadas e monitoradas. Mas isso era uma grande incógnita: estimamos que as ondas gravitacionais banhando a Terra são tão fracas que os espelhos nas extremidades do dispositivo em forma de L de Rai Weiss fariam um movimento de vaivém entre si de não mais que 1/100 do diâmetro de um próton (ou seja, 1/10.000.000 do tamanho de um átomo), mesmo se a separação entre os espelhos fosse de vários quilômetros. O desafio de medir movimentos tão minúsculos era gigantesco.

Assim, durante esse ano glorioso, com Stephen e meus grupos de pesquisa juntos no Caltech, passei grande parte do meu tempo explorando as perspectivas de sucesso para as ondas gravitacionais. Stephen foi de grande ajuda nessa tarefa pois, vários anos antes, ele e Gary Gibbons, seu aluno, projetaram um detector de partículas (o qual nunca usaram).

Pouco após o regresso de Stephen a Cambridge, minha busca rendeu frutos com um intenso debate até altas horas entre Rai Weiss e eu em seu quarto de hotel em Washington, D.C. Fiquei convencido de que as perspectivas de sucesso eram boas o bastante para eu devotar a maior parte de minha carreira — e da pesquisa de meus futuros alunos — a ajudar Rai e outros cientistas a consumar nossa visão das ondas gravitacionais. E o resto da história todo mundo já sabe.

No dia 14 de setembro de 2015, os detectores de ondas gravitacionais do observatório LIGO (construídos por uma equipe de mil pessoas no projeto fundado por Rai, Ronald Drever e eu, e organizado, executado e liderado por Barry Barish) registraram e monitoraram ondas gravitacionais pela primeira vez. Comparando os padrões de onda com previsões obtidas em simulações de computador, nossa equipe concluiu que as ondas foram produzidas quando dois buracos negros pesados, a 1,3 bilhão de anos-luz da Terra, colidiram. Era a aurora da astronomia de ondas gravitacionais. Nossa equipe conquistara para elas o que Galileu conquistara para as ondas eletromagnéticas.

Estou confiante de que, ao longo das décadas seguintes, a próxima geração de astrônomos de ondas gravitacionais irá usá-las não só para testar as leis de Stephen para a física dos buracos negros, como também para detectar e monitorar ondas gravitacionais oriundas do nascimento singular de nosso universo e, desse modo, testar as ideias de Stephen e de outros sobre como nosso universo veio a existir.

Entre 1974 a 1975, durante o glorioso ano em que passei me debatendo com as ondas gravitacionais, Stephen chefiava nosso grupo conjunto de pesquisa sobre buracos negros quando teve um insight ainda mais radical do que sua descoberta da radiação Hawking. Stephen forneceu uma prova fascinante, *quase* irrefutável, de que, em um buraco negro que se forma e posteriormente se extingue por completo, emitindo radiação, a informação que entrou nele não consegue mais sair. Ela é inevitavelmente perdida.

Isso é radical, pois as leis da física quântica insistem inequivocamente que uma informação nunca pode se perder totalmente. Assim, se Stephen estava certo, os buracos negros violam uma das leis mais fundamentais da mecânica quântica.

Como isso poderia ocorrer? A evaporação de um buraco negro é governada pelas leis combinadas da mecânica quântica e da relatividade geral — as leis não muito bem compreendidas da gravitação quântica; e assim, raciocinou Stephen, o tórrido casamento da relatividade com a física quântica deve levar à destruição da informação.

A maioria dos físicos teóricos acha essa conclusão abominável; são muito céticos em relação a ela. Desse modo, por 44 anos eles têm se debruçado sobre o assim chamado paradoxo da perda de informação. É uma busca que vale o esforço e a agonia implicados, uma vez que esse paradoxo é uma chave poderosa para a compreensão das leis da gravitação quântica. Em 2003, o próprio Stephen descobriu uma possível maneira de a informação escapar durante a evaporação do buraco negro, mas isso não aplacou as dificuldades dos teóricos. Stephen não *demonstrou* que a informação escapa, de modo que a busca continua.

Em meu discurso durante o enterro de suas cinzas na abadia de Westminster, celebrei essa busca com as seguintes palavras: "Newton nos deu respostas. Hawking nos deu perguntas. E as perguntas de Hawking, por sua vez, continuam a dar frutos, gerando descobertas décadas depois. Quando finalmente dominarmos as leis da gravitação quântica e compreendermos por completo o nascimento do universo, decerto será em grande medida por estarmos nos ombros de Hawking."

● ● ●

Assim como aquele período luminoso de 1974 a 1975 foi apenas o início da minha procura pela onda gravitacional, foi igualmente o início da jornada de Stephen pelo entendimento detalhado das leis da gravitação quântica e pelo que essas leis dizem sobre a verdadeira natureza da informação e aleatoriedade de um buraco negro, das singularidades dentro deles e do nascimento singular de nosso universo — em suma, a verdadeira natureza do nascimento e da morte do tempo.

Essas são grandes questões. Muito grandes.

Eu me esquivara das grandes questões. Não tenho habilidade, sabedoria e autoconfiança suficientes para tentar respondê-las.

Stephen, por outro lado, sempre se sentiu atraído por grandes questões, estivessem ou não profundamente enraizadas em sua ciência. Ele, sim, tinha a habilidade, a sabedoria e a autoconfiança necessárias.

Este livro é uma compilação de suas respostas às grandes questões, respostas nas quais ainda estava trabalhando um pouco antes de morrer.

As respostas de Stephen a seis das questões deste livro estão profundamente enraizadas em sua ciência. (Deus existe? Como tudo começou? Podemos prever o futuro? O que há dentro de um buraco negro? A viagem no tempo é possível? Como moldaremos o futuro?) Aqui ele discutirá em profundidade os assuntos que descrevi brevemente nesta Introdução, e também muito mais.

É impossível que as respostas às outras quatro grandes questões estejam vinculadas de forma sólida à sua ciência. (Sobreviveremos na Terra? Existe outra vida inteligente no universo? Deveríamos colonizar o espaço? A inteligência artificial vai nos superar?) Não obstante, suas respostas denotam profunda sabedoria e criatividade, como não poderia deixar de ser.

Espero que você ache suas respostas tão estimulantes e perceptivas quanto eu achei. Aproveite!

Kip S. Thorne
Julho de 2018

POR QUE FORMULAR AS GRANDES QUESTÕES?

AS PESSOAS SEMPRE QUISERAM RESPOSTAS PARA AS GRANDES QUES-
tões. De onde viemos? Como o universo começou? Qual é o
significado e o desígnio por trás de tudo? Existe alguém lá fora?
Os relatos sobre a gênese do mundo criados no passado agora
parecem menos relevantes e verossímeis. Eles foram substituídos por uma variedade do que só podemos chamar de superstições, abrangendo da Nova Era a *Star Trek*. Mas a ciência de
verdade pode ser bem mais estranha do que a ficção científica,
e bem mais gratificante.

Eu sou cientista. Um cientista com profundo fascínio por física, cosmologia, o universo e o futuro da humanidade. Fui criado
para ter uma curiosidade inabalável e — como meu pai — pesquisar e tentar responder às inúmeras questões que a ciência nos
apresenta. Passei a vida viajando pelo universo, dentro de minha
mente. Por meio da física teórica, busquei responder algumas das
grandes questões. A certa altura, achei que veria o fim da física tal

como a conhecemos, mas hoje creio que a maravilha da descoberta continuará por muito tempo depois que eu partir. Estamos perto de algumas dessas respostas, mas ainda não chegamos lá.

O problema é que a maioria das pessoas acredita que ciência de verdade é difícil e complicada demais. Não concordo com isso. Pesquisar sobre as leis fundamentais que governam o universo exigiria uma disponibilidade de tempo que a maioria não tem; o mundo acabaria parando se todos tentassem estudar física teórica. Mas a maioria pode compreender e apreciar as ideias básicas, se forem apresentadas de maneira clara e sem equações, algo que acredito ser possível e que sempre gostei de fazer.

Tem sido um tempo glorioso para estar vivo e realizar pesquisa em física teórica. Nos últimos cinquenta anos, temos mudado bastante a imagem que concebemos do universo, e ficarei feliz se tiver dado alguma pequena contribuição. Uma das grandes conquistas da era espacial foi a perspectiva que a humanidade adquiriu a respeito de si mesma. Quando vemos a Terra do espaço, nós nos vemos como um todo. Vemos a unidade, e não as divisões. É uma imagem tão simples, com uma mensagem admirável: um planeta, uma raça humana.

Quero que minha voz ecoe com as daqueles que buscam uma ação imediata sobre os principais desafios à nossa comunidade global. Espero que doravante, mesmo quando eu não estiver mais aqui, as pessoas no poder possam demonstrar criatividade, coragem e liderança. Que elas se disponham a enfrentar o desafio do desenvolvimento sustentável e ajam não em interesse próprio, mas em prol do bem comum. Sei perfeitamente como o tempo é precioso. Aproveite o momento. Tome uma atitude já.

• • •

Eu já escrevi sobre minha vida anteriormente. E, ao pensar no fascínio que senti pelas grandes questões ao longo de todos esses anos, acredito que valha a pena repetir algumas de minhas primeiras experiências.

Nasci exatamente trezentos anos após a morte de Galileu e gosto de pensar que essa coincidência influenciou os rumos de minha vida e sua ligação com a ciência. Mas calculo que cerca de 200 mil outros bebês também nasceram nesse dia; não sei se algum deles posteriormente se interessou por astronomia.

Cresci em uma casa vitoriana alta e estreita em Highgate, Londres, que meus pais haviam comprado por uma pechincha durante a Segunda Guerra Mundial, quando todo mundo achou que Londres seria arrasada pelas bombas. De fato, um foguete V2 caiu a algumas casas de distância da nossa. Eu estava fora com minha mãe e minhas irmãs na época e, felizmente, meu pai não se feriu. Por anos depois disso, eu e meu amigo Howard brincamos no local onde a bomba deixou sua marca. Investigávamos os resultados da explosão com a mesma curiosidade que me motivou durante a vida inteira.

Em 1950, o local de trabalho do meu pai foi transferido para o extremo norte de Londres, o recém-construído National Institute for Medical Research, em Mill Hill. Assim, minha família se mudou para a cidade de Saint Albans, nas imediações. Fui matriculado no High School for Girls, a qual, apesar do nome, admitia meninos até a idade de dez anos. Mais tarde, frequentei a Saint Albans School. Nunca fiquei muito acima da média da classe — era uma turma brilhante —, mas meus colegas me apelidaram de Einstein, então presumivelmente viram coisas boas em mim. Quando eu tinha doze anos, dois amigos meus apostaram um contra o outro, por um saco de balas, que eu nunca chegaria a lugar algum.

Tive seis ou sete bons amigos em Saint Albans e me lembro de ter longas conversas e discussões sobre tudo, de brinquedos de controle remoto a religião. Uma das maiores questões que discutíamos era a origem do universo e a necessidade de um deus para criá-lo e pô-lo em funcionamento. Eu ouvira dizer que a luz das galáxias distantes sofria um desvio para o lado vermelho do espectro e que isso supostamente indicava que o universo estava se expandindo. Mas tinha certeza de que haveria outro motivo para o desvio para o vermelho. Será que a luz ficava cansada e mais vermelha no caminho até nós? Um universo essencialmente imutável e perpétuo parecia bem mais natural. (Foi apenas mais tarde, após a descoberta da radiação cósmica de fundo, cerca de dois anos depois do início minha pesquisa de doutorado, que me dei conta do meu erro.)

Sempre fui muito interessado no funcionamento das coisas e costumava desmontá-las para ver como operavam por dentro, só que não era muito bom em remontá-las. Minha habilidade prática nunca se equiparou ao meu talento teórico. Meu pai encorajou meu interesse pela ciência e ansiava para que eu estudasse em Oxford ou Cambridge. Ele mesmo estudara no University College, Oxford, então achou que devia me candidatar a essa faculdade. Na época, o University College não realizava pesquisa em matemática, portanto não me restava muita opção a não ser tentar uma bolsa em ciências naturais. Fiquei surpreso quando fui aceito.

A atitude predominante em Oxford na época era muito antitrabalho. A ideia era ser brilhante sem esforço ou aceitar suas limitações e obter seu diploma com a média mínima. Tomei isso como um convite a fazer muito pouco. Não me orgulho disso, estou apenas descrevendo minha postura na época, compartilhada pela maioria dos meus colegas. Um dos resultados de minha doença foi me fazer mudar tudo aquilo. Quando enfrentamos a possibilidade de uma morte precoce, percebemos que há um monte de coisas que queremos fazer antes que a vida chegue ao fim.

Devido a minha falta de empenho, meu plano para passar na prova final era evitar questões que exigissem conhecimento factual e me concentrar em problemas da física teórica. Porém não dormi na noite anterior à prova e, portanto, não fui muito bem. Alcancei uma média entre excelente e boa, e precisei passar por uma banca examinadora para determinar qual das duas receberia. Na entrevista, perguntaram-me sobre meus planos para o futuro. Respondi que queria fazer pesquisa. Se me dessem a média máxima, eu iria para Cambridge. Se ela fosse inferior a isso, eu ficaria em Oxford. Consegui a máxima.

Nas longas férias após minha prova final, a universidade ofereceu uma série de pequenas bolsas de viagem. Concluí que, quanto mais longe me propusesse a ir, maiores seriam minhas chances de conseguir uma. Assim, afirmei que queria ir para o Irã. Parti no verão de 1962, tomando um trem para Istambul, depois para Erzurum, no leste da Turquia, e então para Tabritz, Teerã, Isfahan Shiraz e Persépolis, capital dos antigos reis persas. Quando voltava para casa, eu e Richard Chiin, meu companheiro de viagem, fomos surpreendidos pelo terremoto de Bou'in-Zahra, um tremor de 7,1 na escala Richter que matou quase 12 mil pessoas. Devo ter passado próximo ao epicentro, mas nem percebi porque estava doente e viajando dentro de um ônibus chacoalhando pelas estradas iranianas, muito acidentadas nessa época.

Passamos os dias seguintes em Tabriz, enquanto eu me recuperava de uma grave disenteria e de uma costela quebrada ao ter sido jogado contra o banco da frente no ônibus, ainda sem saber da tragédia porque não falávamos persa. Só quando chegamos a Istambul descobrimos o que acontecera. Mandei um cartão-postal para meus pais, que esperavam ansiosamente uma notícia minha havia dez dias, pois a última informação que tinham era que eu saíra de Teerã rumo à região do desastre no dia em que ocorreu o tremor. A despeito do terremoto, tenho muitas lembranças carinhosas do meu tempo no Irã. Uma curiosidade

32   STEPHEN HAWKING

intensa sobre o mundo leva a pessoa a correr perigo, mas, no meu caso, provavelmente foi a única vez que isso foi verdade.

Em outubro de 1962, com vinte anos de idade, cheguei ao departamento de matemática aplicada e física teórica de Cambridge. Eu me candidatara a uma vaga de trabalho com Fred Hoyle, o astrônomo inglês mais famoso da época. Digo astrônomo porque a cosmologia mal era vista como uma disciplina legítima na época. Entretanto, Hoyle já estava com alunos o suficiente, e, para minha grande decepção, fui indicado a Dennis Sciama, de quem nunca ouvira falar. Hoje fico feliz de não ter virado aluno de Hoyle, porque teria sido levado a defender sua teoria do estado estacionário, tarefa bem mais complicada do que negociar o Brexit. Comecei o trabalho pela leitura de livros antigos sobre relatividade geral — como sempre, atraído pelas maiores questões.

Como alguns de vocês devem ter visto no filme em que Eddie Redmayne faz uma versão particularmente bela de mim, em meu terceiro ano em Oxford percebi que parecia estar ficando mais desastrado. Caí algumas vezes sem entender por que e notei que não conseguia mais remar direito. Estava claro que havia alguma coisa errada. Não fiquei nem um pouco feliz quando um médico nessa época me disse para dar um tempo na cerveja.

O inverno seguinte à minha chegada a Cambridge foi muito rigoroso. Eu estava em casa para o feriado do Natal quando minha mãe me convenceu a esquiar no lago de Saint Albans, mesmo eu sabendo que não conseguiria. Caí e tive dificuldade de levantar.

Minha mãe percebeu que havia alguma coisa errada e me levou ao médico.

Passei semanas no St. Bartolomew's Hospital e fiz diversos exames. Em 1962, os métodos eram um pouco mais primitivos do que hoje em dia. Uma amostra de tecido muscular foi tirada de meu braço, eletrodos foram grudados em mim e um fluido rádio-opaco foi injetado em minha coluna para que os médicos o observassem subindo e descendo na radiografia, conforme o leito era inclinado. Nunca me disseram de fato o que estava errado, mas compreendi o bastante para saber que era bem grave, então não quis perguntar. Eu deduzira pela conversa dos médicos que, fosse o que fosse, eu ia de mal a pior e não havia outra coisa a fazer a não ser me receitar vitaminas. Na verdade, o médico que realizou os exames lavou as mãos e nunca mais voltei a vê-lo. Sua opinião era de que não havia nada a ser feito.

A determinada altura, devo ter descoberto o diagnóstico de esclerose lateral amiotrófica (ELA), uma espécie de doença neuromotora, na qual as células nervosas do cérebro e da medula espinhal atrofiam e depois cicatrizam ou endurecem. Descobri também que pessoas com essa doença pouco a pouco perdem a capacidade de controlar seus movimentos, de falar, comer e, no fim, até respirar.

Minha enfermidade parecia progredir rapidamente. Foi compreensível que eu ficasse deprimido e não visse sentido em continuar minha pesquisa de doutorado, porque não sabia se viveria o suficiente para finalizá-la. Mas então o progresso da doença diminuiu e senti um entusiasmo renovado por meu trabalho. Após minhas expectativas terem se reduzido a zero, cada novo dia era como um bônus e passei a apreciar tudo que eu tinha. Enquanto houver vida, há esperança.

E, claro, também surgiu uma jovem chamada Jane, que conheci em uma festa. Sua determinação de que juntos poderíamos combater a doença era grande. Sua convicção me trouxe esperança. O noivado animou meu estado de espírito e percebi que, se fôssemos casar, eu precisaria arranjar um emprego e terminar meu doutorado. Como sempre, essas grandes questões me impeliam. Comecei a estudar com afinco e tomei gosto por isso.

Para conseguir me sustentar financeiramente durante meus estudos, eu me inscrevi para uma bolsa de pesquisa no Gonville & Caius College. Para minha grande surpresa, fui aceito e sou membro do Caius desde então. A bolsa foi um divisor de águas em minha vida. Graças a ela pude continuar com minha pesquisa apesar do agravamento da enfermidade. Também foi ela que permitiu que Jane e eu nos casássemos, o que fizemos em julho de 1965. Nosso primeiro filho, Robert, nasceu cerca de dois anos depois. Lucy, a segunda, veio após mais três anos. E nosso terceiro filho, Timothy, nasceria em 1979.

Como pai, eu tentava instilar neles a importância de sempre fazer perguntas. Meu filho Tim comentou certa vez em uma entrevista sobre ter me perguntado algo que na época parece ter soado um pouco tolo. Ele queria saber se havia um monte de universos minúsculos espalhados em volta do nosso. Eu lhe disse para nunca ter medo de propor uma ideia ou hipótese, por mais absurda que pudesse parecer.

• • •

A grande questão em cosmologia no início dos anos 1960 era se o universo teve um início. Muitos cientistas se opunham instintivamente à ideia, porque sentiam que o ponto de criação seria um lugar onde a ciência sofreria um colapso. Teríamos que apelar à religião e à intervenção divina para determinar como o universo começou. Era claramente uma questão fundamental e exatamente o que eu precisava para completar minha tese de doutorado.

Roger Penrose mostrara que, após a contração de uma estrela em extinção a um determinado raio, inevitavelmente ocorreria uma singularidade, que é um ponto onde o espaço e o tempo chegavam ao fim. Sem dúvida, pensei, já sabíamos que nada era capaz de impedir uma estrela fria e massiva de sucumbir ao peso da própria gravidade até ela atingir uma singularidade de densidade infinita. Percebi que argumentos similares podiam ser aplicados à expansão do universo. Nesse caso, eu poderia provar que havia singularidades onde o espaço-tempo teve início.

Um momento heureca veio em 1970, dias após o nascimento da minha filha, Lucy. Quando me preparava para dormir certa noite — um processo que se tornara moroso devido minha deficiência —, percebi que podia aplicar aos buracos negros a teoria da estrutura casual por mim desenvolvida para os teoremas da singularidade. Se a relatividade geral está correta e a densidade da energia é positiva, a área de superfície do horizonte de eventos — a fronteira de um buraco negro — tem a propriedade de sempre aumentar quando matéria ou radiação adicional cai dentro dela. Além disso, se dois buracos negros colidem e se fundem em um único buraco negro, a área do horizonte de eventos em torno do buraco negro resultante é maior do que a soma das áreas do horizonte de eventos em torno dos buracos negros originais.

Foi uma era de ouro, em que solucionamos a maioria dos principais problemas na teoria dos buracos negros mesmo antes de haver qualquer evidência observacional dos mesmos. Na verdade, fomos tão bem-sucedidos com a teoria geral clássica da relatividade que fiquei um pouco perdido sobre o que fazer em 1973 após a publicação com George Ellis de nosso livro, *The Large Scale Structure of Spacetime* [A estrutura em larga escala do espaço-tempo]. Meu trabalho com Penrose mostrara que a relatividade geral deixava de vigorar nas singularidades, assim o próximo passo óbvio seria combinar a relatividade geral — a teoria do muito grande — com a física quântica — a teoria do muito pequeno. Em particular, eu questionava: poderia haver átomos em que o núcleo é um minúsculo buraco negro primordial, formado no universo primitivo? Minhas investigações revelaram uma relação profunda e antes insuspeitada entre a gravidade e a termodinâmica, a ciência do calor, e solucionavam um paradoxo que fora debatido por trinta anos sem muito progresso: como a radiação liberada por um buraco negro em processo de encolhimento poderia transportar toda a informação sobre o que ele produzira? Descobri que a informação não se perde, mas não é devolvida de maneira aproveitável — é como queimar uma enciclopédia e ficar com a fumaça e as cinzas.

Para responder isso, estudei como campos ou partículas quânticos se dispersariam de um buraco negro. Esperava que parte de uma onda incidente seria absorvida e que o restante se espalharia. Mas, para minha grande surpresa, descobri que parecia haver emissão do próprio buraco negro. No início, achei que devia existir algum erro em meus cálculos. Mas o que me convenceu de ser um efeito real foi que a emissão era exatamente a exigida para identificar a área do horizonte de eventos com a entropia de um buraco negro. Essa entropia, uma medida para a desordem de um sistema, está resumida na seguinte fórmula simples:

$$S = \frac{Akc^3}{4G\hbar}$$

Ela expressa a entropia, em termos da área do horizonte, e as três constantes fundamentais da natureza: c, a velocidade da luz; G, a constante gravitacional de Newton; $\hbar$, a constante de Planck. A emissão dessa radiação térmica pelo buraco negro é hoje chamada de radiação Hawking e tenho orgulho de ser seu descobridor.

Em 1974, fui eleito membro da Royal Society. A escolha foi uma surpresa para meus colegas de departamento porque eu era jovem e não passava de um mero assistente de pesquisa. Três anos depois, fui promovido a professor. Meu trabalho sobre buracos negros me dera esperança de que descobriríamos uma teoria de tudo, e essa busca por uma resposta me motivou a continuar.

No mesmo ano, meu amigo Kip Thorne nos convidou para visitarmos o Instituto de Tecnologia da Califórnia, o Caltech, e lá fui eu com minha jovem família e mais um bando de colegas que trabalhavam com a relatividade geral. Nos últimos quatro anos, eu viera usando uma cadeira de rodas manual, além de um carrinho motorizado azul de três rodas que andava lentamente, à velocidade de uma bicicleta, e no qual eu às vezes dava caronas clandestinas. Quando fomos para a Califórnia, ficamos hospedados em uma casa colonial do Caltech próxima ao campus e ali usei uma cadeira de rodas motorizada pela primeira vez. Ela me proporcionou considerável grau de independência, sobretudo porque os prédios e as calçadas nos Estados Unidos são muito mais acessíveis para deficientes do que na Inglaterra.

Quando regressamos do Caltech, em 1975, senti no começo um certo baixo-astral. Na Inglaterra, tudo parecia provinciano e limitado quando comparado à atitude empreendedora dos americanos. Na época, o campo estava tomado de árvores mortas pela doença do olmo holandês e o país sofria com a onda de greves. Entretanto, meu estado de espírito melhorou quando meu trabalho teve êxito e fui escolhido, em 1979, como professor lucasiano de matemática, cargo outrora ocupado por Sir Isaac Newton e Paul Dirac.

Durante a década de 1970, meu trabalho se voltou principalmente a buracos negros, mas meu interesse em cosmologia foi renovado pelas sugestões de que o universo primitivo passara por um período de rápida expansão inflacionária em que seu tamanho aumentou a um ritmo cada vez mais acelerado, do modo como os preços têm aumentado desde o Brexit. Também passei um tempo trabalhando com Jim Hartle, formulando uma teoria do nascimento do universo que chamamos de "sem fronteira".

No início da década de 1980, minha saúde continuava a deteriorar e eu sofria prolongados ataques de asfixia porque a laringe estava ficando fraca, permitindo a entrada de comida nos pulmões ao engolir. Em 1985, peguei pneumonia numa viagem ao CERN, o centro europeu de pesquisa nuclear, na Suíça. Foi um momento crítico em minha vida. Fui levado às pressas para o hospital cantonal de Lucerne e me puseram em um respirador. Os médicos deram a entender a Jane que a doença progredira a um ponto em que não havia mais nada a ser feito e sugeriram desligar os aparelhos para pôr um fim a minha vida. Mas Jane não autorizou e chamou uma ambulância aérea para me levar ao Addenbrooke's Hospital, em Cambridge.

Como você pode imaginar, foi um período muito difícil, mas felizmente os médicos no Addenbrooke's fizeram de tudo para me estabilizar no mesmo patamar em que eu estava antes da visita à Suíça. Entretanto, como minha laringe continuou permitindo a passagem de comida e saliva para meus pulmões, tiveram que realizar uma traqueostomia. Como a maioria já deve saber, a traqueostomia acaba com a capacidade de falar. A voz é uma coisa muito importante. Se ela for arrastada, como a minha era, as pessoas podem pensar que você tem deficiência mental e o tratam de acordo. Antes da traqueostomia, minha fala era tão indistinta que só as pessoas que me conheciam bem conseguiam me entender. Meus filhos estavam entre os poucos capazes de tal feito. Por um tempo após a traqueostomia, a única maneira de me comunicar era soletrando as palavras, muito vagarosamente, erguendo as sobrancelhas quando a pessoa apontava a letra certa em um cartão de soletrar.

Por sorte, um especialista em computadores na Califórnia chamado Walt Woltosz ouviu falar das minhas dificuldades. Ele me enviou um programa de computador criado por ele, chamado Equalizer. O programa me permitia selecionar palavras inteiras na tela do computador em minha cadeira de rodas ao pressionar um interruptor em minha mão. Ao longo dos anos, o sistema evoluiu. Hoje em dia uso um programa chamado Acat, desenvolvido pela Intel, que controlo por um pequeno sensor em meus óculos via movimentos de bochecha. Ele tem um celular, que me dá acesso à internet. Posso afirmar que sou a pessoa mais conectada do mundo. Mantive o sintetizador de voz original, porém, em parte porque não escutei nenhum com fraseado melhor e em parte porque hoje me identifico com essa voz, mesmo com o sotaque americano.

Tive a ideia de escrever um livro de divulgação sobre o universo em 1982, mais ou menos na época do meu trabalho sobre a condição sem-contorno. Acreditava que poderia ganhar uma quantia modesta para ajudar a pagar os estudos dos meus filhos e meus custos médicos cada vez mais altos, mas o principal motivo foi querer explicar em que pé estávamos em nosso entendimento do universo: como talvez estivéssemos perto de encontrar uma teoria completa que descreveria o universo e tudo que há nele. Como cientista, é importante fazer perguntas e encontrar respostas, mas também me sinto na obrigação de comunicar ao mundo o que estamos aprendendo.

De forma muito apropriada, *Uma breve história do tempo* foi publicado pela primeira vez no Dia da Mentira, 1º de abril de 1988. Na verdade, originalmente o livro era para se chamar *Do Big Bang aos buracos negros: uma curta história do tempo*. O título foi enxugado e mudado para "breve", e o resto da história todo mundo já sabe.

Nunca imaginei que *Uma breve história do tempo* faria tanto sucesso. Sem dúvida, sua mensagem de superação, sobre como a despeito da minha deficiência consegui me tornar físico teórico e ainda autor de um best-seller, ajudou. Nem todos devem ter terminado o livro ou entendido tudo que leram, mas pelo menos se debruçaram sobre uma das grandes questões da nossa existência e captaram a ideia de que vivemos em um universo

QUAL ERA O SEU SONHO QUANDO CRIANÇA? ELE SE CONCRETIZOU?

Eu queria ser um grande cientista. Mas não fui um aluno muito bom durante a escola e raramente fiquei acima da média em minha classe. Eu era desleixado e minha letra não era muito boa. Mas fiz bons amigos na escola. Conversávamos sobre tudo, especificamente a origem do universo. Foi aí que meu sonho começou e tive muita sorte por ele ter se tornado realidade.

governado por leis racionais que, com auxílio da ciência, podemos descobrir e compreender.

Para os meus colegas, não passo de mais um físico, mas, para o público geral, possivelmente me tornei o cientista mais conhecido do mundo. Isso se deve em parte ao fato de que cientistas, com exceção de Einstein, não têm a mesma fama que estrelas do rock, e em parte porque me encaixo bem no estereótipo do gênio com uma deficiência física. Não posso me disfarçar usando peruca e óculos escuros — a cadeira me entrega. Ser famoso e facilmente reconhecido tem seus prós e contras, mas os prós superam os contras de longe. As pessoas parecem genuinamente contentes de me ver. Inclusive, obtive o maior público da minha vida ao abrir os Jogos Paralímpicos em Londres, em 2012.

• • •

Tive uma vida extraordinária neste planeta e ao mesmo tempo viajei pelo universo usando minha mente e as leis da física. Estive nos rincões mais remotos de nossa galáxia, viajei para dentro de um buraco negro e voltei ao início do tempo. Na Terra, vivi altos e baixos, turbulência e paz, sucesso e sofrimento. Fui rico e pobre, fui fisicamente apto e deficiente. Fui elogiado e criticado, mas nunca ignorado. Tive o enorme privilégio, graças a meu trabalho, de poder contribuir para nossa compreensão do universo. Mas seria um universo vazio, não fossem as pessoas que amo e que me amam. Sem elas, a maravilha disso tudo teria me escapado.

No fim das contas, o fato de que nós, humanos, meras coleções de partículas fundamentais da natureza, fomos capazes de alcançar alguma compreensão das leis que nos governam — e nosso universo — é um tremendo triunfo. Quero compartilhar minha empolgação com essas grandes questões e meu entusiasmo com sua busca.

Um dia, espero que saibamos as respostas para todas elas. Mas existem outros desafios, outras grandes questões no planeta que devemos responder, e elas exigirão uma nova geração interessada, engajada e com compreensão da ciência. Como alimentar uma população cada vez maior? Como fornecer água limpa, gerar energia renovável, prevenir e curar doenças e refrear a mudança climática global? Espero que a ciência e a tecnologia forneçam respostas a essas perguntas, mas serão necessárias pessoas, seres humanos com conhecimento e compreensão, para implantar essas soluções. Devemos lutar para que todo homem e toda mulher tenham a oportunidade de viver vidas seguras e saudáveis, repletas de oportunidade e amor. Somos todos viajantes do tempo em uma jornada rumo ao amanhã. Mas vamos trabalhar juntos na construção desse futuro, um lugar que queremos visitar.

Seja corajoso, seja curioso, seja determinado, supere as probabilidades. É possível.

1

DEUS EXISTE?

A CIÊNCIA RESPONDE CADA VEZ MAIS PERGUNTAS QUE COSTUMA-vam ser domínio da religião. A religião foi uma primeira tenta-tiva de responder questões que todos fazemos: por que estamos aqui, de onde viemos? Há muito tempo, a resposta era quase sempre a mesma: foram deuses que construíram tudo. O mun-do era um lugar assustador, assim até valentões como os vikings acreditavam em seres sobrenaturais para explicar os fenômenos naturais, tais como raios, tempestades e eclipses. Hoje em dia, a ciência oferece respostas melhores e mais consistentes, mas as pessoas sempre vão se aferrar à religião porque lhes dá conforto e elas não confiam — ou não compreendem — a ciência.

Alguns anos atrás, uma manchete na primeira página do *Ti-mes* dizia "Hawking: 'Deus não criou o universo'". A matéria era ilustrada. Deus era mostrado em um desenho de Miche-langelo, com ar estrondoso. Publicaram uma foto minha, com ar presunçoso. Fizeram parecer um duelo entre nós. Mas não tenho nada contra Deus. Não quero passar a impressão de que meu trabalho é sobre provar ou refutar a existência dele. Meu trabalho é encontrar uma estrutura racional para compreender o universo que nos cerca.

Por séculos, presumia-se que pessoas com deficiência como eu viviam sob uma maldição infligida por deus. Bom, talvez eu tenha irritado alguém lá em cima, mas prefiro pensar que tudo pode ser explicado de outra forma, com as leis da natureza. Se você confia na ciência, como eu, acredita que há certas leis que sempre são obedecidas. Se preferir, pode dizer que as leis são obra divina, mas isso é antes uma definição de deus do que uma prova de sua existência. Em cerca de 300 a.C., um filósofo chamado Aristarco ficou fascinado por eclipses, sobretudo os lunares. Ele foi corajoso o bastante para questionar se eram mesmo causados pelos deuses. Aristarco foi um verdadeiro pioneiro da ciência. Estudando o céu cuidadosamente, chegou a uma conclusão ousada: ele percebeu que o eclipse na verdade era a sombra da Terra passando sobre a Lua, não um evento divino. Liberado por essa descoberta, ele foi capaz de identificar o que realmente estava acontecendo lá no alto e desenhou diagramas mostrando a verdadeira relação entre o Sol, a Terra e a Lua. A partir disso, chegou a conclusões ainda mais notáveis. Ele deduziu que a Terra não era o centro do universo, como todos pensavam, mas que na verdade orbitava o Sol. De fato, compreender esse arranjo explica todos os eclipses. Quando a Lua lança sua sombra na Terra, trata-se de um eclipse solar. E quando a Terra projeta a sombra na Lua, há um eclipse lunar. Mas Aristarco foi ainda mais longe. Ele sugeriu que as estrelas não eram fendas no chão celestial, como acreditavam seus contemporâneos, mas outros sóis, como o nosso, só que muito distantes. Que descoberta assombrosa deve ter sido. O universo é uma máquina governada por princípios ou leis — leis essas que podem ser compreendidas pela mente humana.

Acredito que a descoberta dessas leis foi a maior conquista da humanidade, pois são essas leis da natureza — como hoje as chamamos — que nos dirão se necessitamos mesmo de um deus para explicar o universo. As leis da natureza são uma descrição de como as coisas de fato funcionam no passado, presente e futuro. No tênis, a bola sempre vai exatamente onde dizem que irá. E há também muitas outras leis em funcionamento nesse exemplo. Elas governam tudo que está acontecendo, desde como a energia da raquetada é produzida nos músculos dos tenistas até a velocidade com que a grama cresce sob seus pés. Mas o mais importante é que essas leis físicas, além de serem imutáveis, são universais. Elas se aplicam não só à trajetória de uma bola, mas também ao movimento dos planetas e tudo mais que existe no universo. Ao contrário das leis feitas pelos seres humanos, as leis da natureza não podem ser quebradas — eis por que são tão poderosas e, quando encaradas do ponto de vista religioso, também controversas.

Se você aceita, como eu, que as leis da natureza são fixas, nesse caso não demora muito até se perguntar: que papel deus tem a desempenhar? Essa é uma grande parte da contradição entre ciência e religião e, embora minhas opiniões tenham virado manchete, tratou-se de um conflito antigo. Poderíamos definir deus como a encarnação das leis da natureza. Porém não é assim que a maioria pensa. As pessoas se referem a uma criatura semelhante ao ser humano, com a qual podem se relacionar. Quando observamos a vastidão do universo, e como a vida humana é insignificante e acidental, parece muito implausível.

Uso a palavra "deus" em sentido impessoal, como Einstein fez para as leis da natureza; assim, conhecer a mente de deus é conhecer as leis da natureza. Minha previsão é que conheceremos a mente de deus até o fim deste século.

A única área restante que a religião pode reclamar para si é a origem do universo, mas mesmo nesse caso a ciência está progredindo e não deve demorar a fornecer uma resposta definitiva. Quando publiquei um livro perguntando se deus criou o universo, ele causou certo alvoroço. As pessoas se irritaram que um cientista pudesse ter algo a declarar sobre questões religiosas. Não pretendo dizer a ninguém no que acreditar, mas para mim perguntar se deus existe é uma questão válida para a ciência. Afinal, é difícil pensar em um mistério mais importante ou fundamental: o que (ou quem) criou e controla o universo?

Sou da opinião de que o universo foi criado espontaneamente, do nada, segundo as leis da ciência. O pressuposto básico da ciência é o determinismo científico. As leis da ciência determinam a evolução do universo dado seu estado a um dado momento. Essas leis podem ou não ter sido determinadas por deus, mas ele não pode intervir para infringi-las, pois então elas não seriam leis. Isso dá a deus a liberdade de escolher o estado inicial do universo, mas mesmo aí parece que deve haver leis. Assim deus não teria liberdade alguma.

Apesar da complexidade e variedade do universo, percebe-se que, para criar um, precisamos de apenas três ingredientes. Vamos imaginar que poderíamos listá-los em um tipo de livro de receitas cósmico. Quais são os três ingredientes necessários? O primeiro é a matéria — coisas que tenham massa. A matéria está a nossa volta, por toda a parte, no chão sob nossos pés e no espaço sideral acima. Poeira, rocha, gelo, líquidos. Vastas nuvens de gás, espirais massivas de estrelas com bilhões de sóis, espalhados por distâncias inacreditáveis.

A segunda coisa de que vamos precisar é energia. Mesmo que você nunca tenha pensado a respeito, todo mundo sabe o que é energia. Algo que encontramos diariamente. Vire para o Sol e você pode senti-la no rosto: a energia produzida por uma estrela a 150 milhões de quilômetros de distância. A energia permeia o universo e impulsiona os processos que fazem dele um lugar dinâmico, mudando infinitamente.

Assim, temos matéria e temos energia. A terceira coisa de que precisamos é espaço. Espaço aos montes. Pode-se chamar o universo de muitas coisas — assombroso, belo, violento —, mas de apertado, isso não. Onde quer que olhemos, vemos espaço, mais espaço e depois ainda mais espaço. Estendendo-se em todas as direções. É de deixar tonto. Então de onde poderia provir toda essa matéria, energia e espaço? Até o século XX, não tínhamos ideia.

A resposta veio dos insights de um homem, provavelmente o cientista mais extraordinário de todos. Seu nome era Albert Einstein. Infelizmente não cheguei a conhecê-lo, pois eu tinha apenas treze anos quando morreu. Einstein percebeu algo absurdamente extraordinário: que dois ingredientes principais na composição do universo — massa e energia — são basicamente a mesma coisa, dois lados da mesma moeda, se preferir. Sua famosa equação $E = mc^2$ simplesmente quer dizer que a massa pode ser pensada como uma espécie de energia e vice-versa. Assim, em vez de três ingredientes, podemos agora dizer que o universo tem apenas dois: energia e espaço. Mas de onde provêm toda essa energia e espaço? A resposta foi encontrada após décadas de trabalho dos cientistas: ambos foram espontaneamente inventados em um evento que hoje chamamos de Big Bang.

No momento do Big Bang, um universo inteiro passou a existir e, com ele, o espaço. Tudo inchou, como uma bexiga sendo soprada. Então de onde vem toda essa energia e espaço? Como pode um universo inteiro repleto de energia, da espantosa vastidão do espaço e de tudo que há nele simplesmente surgir do nada?

Para alguns, é aí que deus volta a entrar em cena. Deus criou a energia e o espaço. O Big Bang foi o momento da criação. Mas a ciência conta uma história diferente. Correndo o risco de me meter em maus lençóis, acho que podemos compreender muito mais os fenômenos naturais que aterrorizavam os vikings. Podemos ir até além da linda simetria de energia e matéria descoberta por Einstein. Podemos usar as leis da natureza para nos debruçar sobre a própria origem do universo e descobrir se a existência de deus é o único modo de explicá-la.

Minha infância na Inglaterra do pós-guerra foi uma época de austeridade. As pessoas diziam que você nunca ganharia algo a troco de nada. Mas hoje, após toda uma vida de trabalho, acho que na verdade podemos ganhar um universo inteiro de graça.

O grande mistério no coração do Big Bang é explicar como um universo inteiro e fantasticamente imenso de espaço e energia pode se materializar do nada. O segredo reside em um dos fatos mais estranhos sobre nosso cosmos: as leis da física requerem a existência de algo chamado "energia negativa".

Para ajudá-lo a compreender esse conceito estranho, porém crucial, deixe-me fazer uma simples analogia. Imagine que um homem quer construir uma colina em um terreno plano. A colina vai representar o universo. Para fazer isso, ele cava um buraco no chão e usa a terra para erguer sua colina. Mas é claro que não está apenas fazendo uma colina, também está fazendo um buraco — na verdade, uma versão em negativo da colina. O material que havia no buraco agora se tornou a colina, de modo que são elas por elas. Esse é o princípio por trás do que aconteceu no início do universo.

Quando o Big Bang produziu uma quantidade massiva de energia positiva, simultaneamente produziu a mesma quantidade de energia negativa. Dessa forma, o positivo e o negativo resultam em zero, sempre. É outra lei da natureza.

Então onde está toda essa energia negativa hoje? Está no terceiro ingrediente de nosso livro de receitas cósmico: no espaço. Pode soar estranho, mas, segundo as leis da natureza relativas à gravidade e ao movimento — leis que estão entre as mais antigas da ciência —, o espaço é um vasto depósito de energia negativa. O suficiente para assegurar que tudo resulte em zero.

Admito que, a menos que matemática seja sua praia, isso é difícil de entender, mas é verdade. A rede infinita de bilhões de galáxias, atraindo umas às outras pela força da gravidade, atua como um gigantesco dispositivo de armazenamento. O universo é uma enorme bateria armazenando energia negativa. O lado positivo das coisas — a massa e a energia que vemos hoje em dia — é como a colina. O buraco correspondente, ou a porção negativa das coisas, esparrama-se por todo o espaço.

O que isso significa em nossa busca por descobrir se existe um deus? Se o universo resulta em nada, não é preciso alguém para criá-lo. O universo é o supremo almoço grátis.

Como sabemos que a soma do positivo e do negativo resulta em zero, tudo que precisamos fazer é descobrir o que — ou quem, se preferir — deu origem ao processo todo. O que pode ter causado o surgimento espontâneo de um universo? Inicialmente, parece um problema desconcertante — afinal, as coisas não se materializam do nada. Não podemos estalar os dedos e esperar que uma xícara de café apareça quando temos vontade.

56 STEPHEN HAWKING

É preciso prepará-la a partir de outras coisas como grãos de café, água e talvez leite e açúcar. Mas viaje por essa xícara de café — pelas partículas de leite, até o nível atômico, descendo ainda mais até o nível subatômico — e adentramos um mundo onde criar algo a partir do nada é possível. Pelo menos, por algum tempo. Isso porque, nessa escala, partículas como prótons se comportam de acordo com as leis da natureza que chamamos de mecânica quântica. E, com efeito, essas partículas podem aparecer ao acaso, existir por algum tempo e voltar a sumir para reaparecer em outro lugar.

Como sabemos que o universo já foi muito pequeno — menor do que um próton —, o significado disso é assombroso. Significa que o próprio universo, em toda sua inapreensível vastidão e complexidade, poderia simplesmente ter passado a existir sem violar as leis conhecidas da natureza. Desse momento em diante, vastas quantidades de energia foram liberadas à medida que o próprio espaço se expandia — um lugar para armazenar toda a energia negativa necessária para fechar o balanço. Mas é claro que a questão crítica volta a surgir: deus criou a leis quânticas que permitiram a ocorrência do Big Bang? Em suma, precisamos de um deus para lhe dar início de modo que o Big Bang pudesse... fazer *bang*? Não quero ofender a fé de ninguém, mas acho que a ciência tem uma explicação mais convincente do que a existência de um criador divino.

Nossa experiência cotidiana nos leva a crer que tudo que acontece foi causado por algum evento prévio. Assim, nada mais natural acreditarmos que alguma coisa — um deus, talvez — tenha feito o universo. Mas quando falamos sobre o universo como um todo, não é necessariamente assim. Permita-me explicar. Imagine um rio correndo pela encosta de uma montanha. O que causou o rio? Bom, talvez a chuva que caiu mais cedo nas montanhas. Mas o que causou a chuva? Uma boa resposta seria o Sol, que esquentou o oceano e lançou o vapor d'água no céu, fazendo as nuvens. Ok, mas o que fez o Sol brilhar? Bom, se olharmos dentro dele, veremos um processo conhecido como fusão, em que átomos de hidrogênio se unem para formar hélio, liberando vastas quantidades de energia no processo. Até aqui tudo bem. De onde vem o hidrogênio? Resposta: do Big Bang. Mas eis o xis da questão. As leis da natureza nos dizem que não só o universo pode ter surgido sem ajuda, como um próton, e não ter exigido nada em termos de energia, como também é possível que nada tenha causado o Big Bang. Nada.

A explicação reside novamente nas teorias de Einstein e em seus insights sobre como o espaço e o tempo no universo estão fundamentalmente entrelaçados. Algo incrivelmente maravilhoso aconteceu com o tempo no instante do Big Bang. O próprio tempo começou.

Para compreender essa ideia espantosa, considere um buraco negro flutuando no espaço. Um buraco negro típico é uma estrela tão massiva que entrou em colapso. É tão massivo que nem mesmo a luz consegue escapar de sua gravidade, e é por isso que são quase totalmente negros. Sua atração gravitacional é tão poderosa que não só dobra e distorce a luz, como também o tempo. Para entender como, imagine um relógio sendo sugado para dentro dele. À medida que o relógio se aproxima, ele começa a ficar cada vez mais lento. O próprio tempo começa a desacelerar. Agora imagine que o relógio, ao entrar no buraco negro — é claro, presumindo que suportasse as forças gravitacionais extremas —, chega a parar. Ele para não por estar quebrado, mas porque, dentro do buraco negro, o próprio tempo não existe. E foi exatamente isso que aconteceu no nascimento do universo.

Nos últimos cem anos, fizemos avanços espetaculares em nossa compreensão do universo. Conhecemos as leis que governam quase todas as condições, com exceção das mais extremas, tais como as que deram origem ao universo ou os buracos negros. Acredito que o papel desempenhado pelo tempo no começo do universo é a chave final para eliminar a necessidade de um grande projetista e revelar como o universo criou a si mesmo.

À medida que viajamos de volta no tempo em direção ao momento do Big Bang, o universo fica cada vez menor e continua diminuindo até finalmente chegar a um ponto em que se torna um espaço tão ínfimo que na verdade se trata de um único buraco negro infinitesimalmente pequeno e infinitamente denso. E, assim como acontece com os buracos negros que hoje flutuam pelo espaço, as leis da natureza ditam algo verdadeiramente extraordinário. Elas nos dizem que aí também o próprio tempo tem que parar. Não podemos voltar a um tempo anterior ao Big Bang porque

COMO A EXISTÊNCIA DE DEUS SE ENCAIXA EM NOSSO ENTENDIMENTO SOBRE O COMEÇO E O FIM DO UNIVERSO? E SE DEUS EXISTISSE E VOCÊ TIVESSE OPORTUNIDADE DE CONHECÊ-LO, O QUE PERGUNTARIA A ELE?

A pergunta é: o modo como o universo começou foi escolhido por deus por motivos que não podemos compreender ou foi determinado por uma lei da ciência? Acredito no segundo. Se preferir, você pode chamar as leis da ciência de "deus", mas não seria um deus pessoal que você vai conhecer e para quem vai fazer perguntas. Se tal deus existisse, eu gostaria de lhe perguntar o que ele pensa de um negócio tão complicado quanto a teoria-M em onze dimensões.

não havia tempo antes do Big Bang. Finalmente encontramos algo que não possui uma causa, porque não havia tempo para permitir a existência de uma. Para mim, isso significa que não existe a possibilidade de um criador, porque ainda não existia o tempo para que nele houvesse um criador.

As pessoas querem respostas para as grandes questões, como "Por que estamos aqui?". Não esperam respostas fáceis, então estão preparadas para quebrar um pouco a cabeça. Quando me perguntam se um deus criou o universo, digo que a pergunta em si não faz sentido. O tempo não existia antes do Big Bang, assim não existe tempo no qual deus produziu o universo. É como perguntar onde fica a borda da Terra. A Terra é uma esfera e não tem borda; procurá-la é um exercício fútil.

Se eu tenho fé? Cada um é livre para acreditar no que quiser. Na minha opinião, a explicação mais simples é que deus não existe. Ninguém criou o universo e ninguém governa nosso destino. Isso me levou a perceber uma implicação profunda: provavelmente não há céu nem um além-túmulo. Acho que acreditar em vida após a morte não passa de ilusão. Não existe evidência confiável disso e a ideia vai contra tudo que sabemos em ciência. Acho que, quando morremos, voltamos ao pó. Mas, em certo sentido, continuamos a viver: na influência que deixamos, nos genes que passamos adiante para nossos filhos. Temos apenas esta vida para apreciar o grande plano do universo, e sou extremamente grato por isso.

2

COMO TUDO COMEÇOU?

HAMLET DISSE: "EU PODERIA FICAR ENCERRADO NUMA CASCA DE noz e me considerar rei do espaço infinito." Para mim, tal passagem diz que, embora nós, humanos, sejamos muito limitados fisicamente — particularmente no meu caso —, nossa mente é livre para explorar o universo todo e ir audaciosamente até onde a Enterprise teme pisar. O universo é de fato infinito ou apenas muito grande? Ele teve um início? Vai durar para sempre ou apenas por muito tempo? Como nossas mentes finitas podem compreender um universo infinito? Não é pretensão de nossa parte até mesmo tentar fazê-lo?

Sob o risco de incorrer no destino de Prometeu, que roubou o fogo dos deuses antigos para uso dos humanos, acredito que podemos — e devemos — tentar entender o universo. A punição dele foi ficar acorrentado a uma rocha pela eternidade, embora felizmente tenha sido libertado por Hércules. Já fizemos notável progresso em compreender o cosmos, mas ainda não temos um retrato completo. Gosto de pensar que talvez não estejamos muito longe.

Segundo o povo boshongo da África central, no início só havia trevas, água e o grande deus Bumba. Um dia, Bumba, sentindo dor de barriga, vomitou o Sol. O Sol secou parte da água, deixando a Terra. Ainda com dor, Bumba vomitou a Lua, as estrelas e depois alguns animais — o leopardo, o crocodilo, a tartaruga e, enfim, o homem.

Esses mitos da criação, como muitos outros, tentam responder as questões que intrigam todos nós. Por que estamos aqui? De onde viemos? A resposta em geral era de que os humanos tinham origem comparativamente recente porque deve ter sido óbvio que a raça humana estava aperfeiçoando seu conhecimento e tecnologia. Assim, não podemos estar por aqui há muito tempo, pois do contrário teríamos progredido ainda mais. Por exemplo, segundo o bispo Ussher, o Livro de Gênesis apontava o início dos tempos como sendo o dia 22 de outubro de 4004 a.C., às seis da tarde. Por outro lado, o ambiente físico, como as montanhas e os rios, muda muito pouco no decorrer de nossa vida. Assim, acreditava-se que fosse um pano de fundo constante e que sempre existira como uma paisagem deserta ou que fora criado ao mesmo tempo que os humanos.

Porém, nem todos estavam felizes com a ideia de que o universo teve um início. Por exemplo, Aristóteles, o mais famoso filósofo grego, acreditava que o universo existia desde sempre.

Algo eterno é mais perfeito do que algo criado. Ele sugeriu que o motivo para enxergamos progresso era que inundações e outros desastres naturais haviam repetidamente lançado a civilização de volta ao começo. A motivação para acreditar em um universo eterno era o desejo de evitar que uma intervenção divina fosse invocada para criar o universo e colocá-lo em movimento. Por outro lado, os que acreditavam que o universo teve um início usavam isso como argumento para a existência de deus como a primeira causa, ou o motor inicial, do universo.

Se a pessoa acreditava que o universo teve um início, as questões óbvias eram: "O que aconteceu antes do início? O que deus estava fazendo antes de criar o mundo? Estaria preparando o Inferno para as pessoas que fizessem tais perguntas?" A possibilidade de um início do universo foi uma grande preocupação para o filósofo alemão Immanuel Kant. Ele achava que havia contradições lógicas, ou antinomias, nas duas posições. Se o universo teve um início, por que esperou um tempo infinito antes de começar? Ele chamava isso de tese. Por outro lado, se o universo existira desde sempre, por que levou um tempo infinito para chegar ao estágio atual? Ele chamava isso de antítese. Tanto a tese como a antítese dependiam do pressuposto de Kant de que o tempo era absoluto. Ou seja, ele ia do passado infinito para o futuro infinito independentemente de existir ou não um universo.

Esse ainda é o cenário na cabeça de muitos cientistas atualmente. Porém, em 1915, Einstein introduziu sua revolucionária teoria geral de relatividade. Nela, espaço e tempo não eram mais absolutos, não eram mais um cenário fixo para os eventos. Antes, eram quantidades dinâmicas moldadas pela matéria e energia do universo. Elas eram definíveis apenas dentro do universo, assim não tinha sentido falar em um tempo anterior ao nascimento do universo. Seria como perguntar por um ponto ao sul do polo Sul. Não é definível.

Embora a teoria de Einstein tenha unificado o tempo e o espaço, ela não nos informa muito sobre o espaço em si. Algo que parece óbvio sobre o espaço é que ele se estende a perder de vista. Não esperamos que o universo termine em uma parede de tijolos, embora não haja motivo lógico para que não seja assim. Mas instrumentos modernos como o telescópio espacial Hubble nos permitem sondar nas profundezas. O que vemos são bilhões e bilhões de galáxias, dos mais variados tamanhos e formatos. Há galáxias elípticas gigantes e galáxias em espiral como a nossa. Cada uma delas contém bilhões e bilhões de estrelas, muitas das quais terão planetas a sua volta. Nossa própria galáxia bloqueia a visão em algumas direções, mas, fora isso, as galáxias estão distribuídas, a grosso modo, de maneira uniforme por todo o espaço, com algumas concentrações locais e vazios entre elas. A densidade de cada uma parece diminuir a distâncias muito grandes, mas isso talvez seja porque estão tão longe e apagadas que mal conseguimos vê-las. Até onde podemos afirmar, o universo continua pelo espaço indefinidamente e é basicamente igual, por mais que se estenda.

Ainda que o universo pareça exatamente o mesmo de cada posição no espaço, ele está definitivamente mudando com o tempo. Isso só foi percebido nos primeiros anos do século passado. Até então, acreditava-se que o universo fosse em essência constante no tempo. Ele podia ter existido por um tempo infinito, mas isso parecia levar a conclusões absurdas. Se as estrelas emitissem radiação por um tempo infinito, teriam aquecido o universo à mesma temperatura que elas. Mesmo à noite, o céu inteiro seria brilhante como o Sol, porque toda linha de visão terminaria em uma estrela ou numa nuvem de poeira que fora aquecida até ficar tão quente quanto as estrelas. Assim, a observação que todo mundo já fez — de que o céu à noite é escuro — é muito importante. Ela implica que o universo não pode ter existido para sempre no estado como o conhecemos hoje. Algo deve ter ocorrido para acender as estrelas em um momento finito no passado. Então a luz de estrelas muito distantes ainda não teria tido tempo de chegar até nós. Isso explicaria por que o céu à noite não está iluminado por todas as direções.

Se as estrelas simplesmente estavam ali desde sempre, por que não acenderam de repente alguns bilhões de anos atrás? Qual foi o relógio que lhes avisou que era hora de brilhar? Isso intrigou alguns filósofos, como Immanuel Kant, que acreditava que o universo sempre existira. Para a maioria das pessoas, porém, isso era consistente com a ideia de que o universo fora criado, do jeito como é hoje, há apenas alguns milhares de anos, como concluíra o bispo Ussher. Entretanto, começaram a aparecer discordâncias dessa ideia, com observações feitas pelo telescópio de cem polegadas no monte Wilson, na década de 1920. Para começar, Edwin Hubble descobriu que muitas áreas de luz tênue, chamadas nebulosas, eram na verdade outras galáxias, ou seja, vastos agrupamentos de estrelas como nosso Sol, mas a uma grande distância. Para parecerem tão pequenas e tênues, as distâncias tinham de ser tão grandes que a luz delas levaria milhões ou até bilhões de anos para chegar a nós. Isso indicou que o início do universo não poderia ter ocorrido há apenas alguns milhares de anos.

Mas a segunda coisa que Hubble descobriu foi ainda mais extraordinária. Ao analisar a luz de outras galáxias, Hubble foi capaz de medir se estavam se movendo em nossa direção ou se afastando de nós. Para sua grande surpresa, ele descobriu que estavam quase todas se afastando. Além disso, quanto mais distantes de nós, mais rapidamente se afastavam. Em outras palavras o universo está se expandindo. As galáxias estão se afastando umas das outras.

A descoberta da expansão do universo foi uma das maiores revoluções intelectuais do século XX. Foi uma total surpresa e mudou completamente a discussão sobre a origem do universo. Se as galáxias estão se afastando, devem ter estado mais próximas no passado. À presente taxa de expansão, podemos estimar que devem ter estado realmente muito próximas há cerca de 10 a 15 bilhões de anos. Assim parece que o universo deve ter começado nessa época, com tudo ocupando um mesmo ponto no espaço.

Mas muitos cientistas ficaram descontentes com o fato de o universo ter um início, pois dava a entender que a física deixaria de vigorar. Teríamos que invocar um agente externo — que, por conveniência, pode-se chamar de deus — para determinar como o universo começou. Desse modo, eles promoveram teorias em que o universo estava se expandindo no momento presente, mas não tinha um início. Uma delas era a teoria do estado estacionário, proposta por Bondi, Gold e Hoyle em 1948.

Na teoria do estado estacionário, conforme as galáxias se afastavam, a ideia era que novas galáxias se formariam da matéria que deveria estar continuamente sendo criada por todo o espaço. O universo teria existido desde sempre, e sempre com a mesma aparência. Esta última propriedade tinha o grande mérito de ser uma previsão passível de teste por observação. O grupo de radioastronomia de Cambridge, sob coordenação de Martin Ryle, fez um levantamento de fontes de rádio fracas no início da década de 1960. Elas estavam distribuídas de forma razoavelmente uniforme pelo céu, indicando que a maioria das fontes provinha de fora da nossa galáxia. As fontes mais fracas ficavam mais afastadas, em média.

A teoria do estado estacionário previa uma relação entre o número de fontes e sua força. Mas as observações mostraram mais fontes fracas do que o previsto, indicando que as fontes da densidade eram mais elevadas no passado. Isso contrariava o pressuposto básico da teoria do estado estacionário, o qual afirmava que tudo era constante no tempo. Por esse e outros motivos, a teoria do estado estacionário foi abandonada.

Outra tentativa de evitar que o universo tivesse um início foi a sugestão de que houve uma fase prévia de contração, mas a matéria não cairia toda no mesmo ponto devido à rotação e às irregularidades locais. Em vez disso, diferentes partes da matéria passariam umas pelas outras e o universo voltaria a se expandir com a densidade permanecendo sempre finita. Dois russos, Evgeny Lifshitz e Isaak Khalatnikov, alegaram ter provado que uma contração geral sem simetria exata sempre levaria a uma rebatida, com a densidade permanecendo finita. Esse resultado foi muito conveniente para o materialismo dialético marxista-leninista, pois evitava perguntas incômodas sobre a criação do universo. Logo, tornou-se uma profissão de fé para os cientistas soviéticos.

Comecei minha pesquisa em cosmologia mais ou menos na época em que Lifshitz e Khalatnikov publicaram sua conclusão de que o universo não teve início. Percebi que era uma questão muito importante, mas não fiquei convencido pelos argumentos que eles haviam usado.

Estamos acostumados à ideia de que os eventos são causados por eventos prévios, que por sua vez são causados por eventos ainda mais anteriores. Há uma cadeia de causalidade se estendendo até o passado. Mas suponha que essa cadeia tenha um início, suponha que tenha havido um primeiro evento. O que o causou? Não é uma questão que muitos cientistas queriam abordar. Tentaram evitá-la. Assim como os russos e os defensores da teoria do estado estacionário, todos alegavam que o universo não teve início ou que sua origem não pertencia ao domínio da ciência, mas à metafísica ou à religião. Na minha opinião, não é uma posição que um cientista de verdade deva assumir. Se as leis da ciência ficam suspensas no início do universo, não podem falhar também outras vezes? Uma lei não é uma lei se vigora apenas de vez em quando. Acredito que deveríamos nos esforçar para compreender o início do universo com base na ciência. Pode ser uma tarefa acima de nossa capacidade, mas, pelo menos, devemos tentar.

Roger Penrose e eu conseguimos demonstrar por meio de teoremas geométricos que o universo deve ter tido um início, caso a teoria da relatividade geral de Einstein estivesse correta e determinadas condições razoáveis fossem satisfeitas. É difícil discutir com um teorema matemático, assim Lifshitz e Khalatnikov admitiram que o universo devia ter um início. Embora essa ideia pudesse não ser muito bem vista, o regime nunca permitiu que a ideologia comunista ficasse no caminho dos estudos científicos da física. A física era necessária para a bomba e era importante que funcionasse. Entretanto, a ideologia soviética impediu o progresso em biologia quando renegou a efetividade da genética.

Embora os teoremas comprovados por Roger Penrose e eu demonstrassem que o universo deve ter tido um início, não ofereciam muita informação sobre a natureza desse início. Eles indicavam que o universo começou em um Big Bang, um momento em que foi comprimido a um único ponto de densidade infinita, uma singularidade do espaço-tempo. A essa altura, a teoria da relatividade geral de Einstein teria deixado de vigorar. Assim não podemos usá-la para deduzir de que maneira o universo começou. A origem do universo aparentemente fica fora do escopo da ciência.

A evidência observacional confirmando a ideia de que o universo teve um início muito denso veio em outubro de 1965 com a descoberta de uma leve trama de micro-ondas por todo o espaço, alguns meses após meu primeiro resultado da singularidade. Essas micro-ondas são do mesmo tamanho das micro-ondas em seu forno, só que bem menos potentes. Só seriam capazes de esquentar sua pizza até 270,4 graus centígrados negativos, o que não é eficaz nem para descongelar uma pizza, muito menos para cozinhá-la. Você mesmo pode observar essas micro-ondas. Aqueles que tiveram contato com uma televisão analógica já as observaram. Se você já colocou sua TV em um canal vazio, uma porcentagem pequena do chuvisco exibido na tela é causada por esse fundo de micro-ondas. A única interpretação razoável é que esse fundo é a radiação remanescente de um estado primitivo, muito quente e denso. À medida que o universo se expandia, a radiação teria esfriado até chegar ao mero resquício que observamos hoje.

Para mim e para uma série de outras pessoas, a ideia de o universo ter começado em uma singularidade não foi muito agradável. O motivo para a teoria da relatividade geral deixar de funcionar perto do Big Bang era por ser uma teoria clássica. Ou seja, ela implicitamente pressupunha o que parecia óbvio para o bom senso: que toda partícula tem posição e velocidade bem definidas. Nessa assim chamada teoria clássica, se um observador soubesse as posições e velocidades de todas as partículas do universo a um dado momento, poderia calcular onde estariam a qualquer outro momento dado, passado ou futuro. Entretanto, no século XX, os cientistas descobriram que não podiam calcular exatamente o que aconteceria em distâncias muito curtas. O problema não era apenas a necessidade de teorias melhores. Parece haver um certo nível de aleatoriedade ou incerteza na natureza que não é passível de eliminação, mesmo com as melhores de nossas teorias. Isso pode ser resumido no princípio da incerteza, proposto em 1927 pelo cientista alemão Werner Heisenberg. É impossível alcançar a exatidão ao se prever simultaneamente a posição e a velocidade da partícula. Quanto mais precisa for a previsão da posição, menos precisa será a previsão da velocidade, e vice-versa.

Einstein repudiou veementemente a ideia de que o universo é governado pelo acaso. Seu ponto de vista ficou sintetizado na máxima "Deus não joga dados". Mas toda evidência aponta o contrário: deus é um tremendo apostador. O universo é como um cassino gigante com os dados rolando ou a roleta girando a todo momento. A casa corre o risco de perder dinheiro a cada lançamento de dados ou giro de roleta. Mas com uma grande quantidade de apostas, as probabilidades ficam na média e o dono do cassino se certifica de que essa média opere em seu favor. Por isso donos de cassino são tão ricos. A única chance de ganhar contra eles é apostar todo seu dinheiro em alguns poucos lances de dados ou giros da roleta.

O mesmo se dá com o universo. Quando ele é grande, há uma quantidade numerosa de lances de dados, e os resultados correspondem a uma média que pode ser prevista. Porém, quando ele é muito pequeno, próximo ao Big Bang, há apenas uma pequena quantidade de lances de dados e o princípio da incerteza é muito importante. Portanto, a fim de compreender a origem do universo, devemos incorporar o princípio da incerteza à teoria da relatividade geral de Einstein. Esse tem sido o grande desafio da física teórica nos últimos trinta anos. Ainda não o solucionamos, mas já avançamos bastante.

Agora, vamos supor uma tentativa de prever o futuro. Como conhecemos apenas certas combinações de posição e velocidade de uma partícula, não podemos fazer previsões acuradas sobre as posições e velocidades futuras. Só podemos atribuir uma probabilidade a determinadas combinações de posições e velocidades. Assim, há uma certa probabilidade quanto a determinada versão do futuro do universo. E se partirmos para uma tentativa de compreender o passado da mesma forma?

Considerando a natureza das observações que podemos fazer hoje, tudo que nos resta é atribuir uma probabilidade a uma versão da história do universo. Assim, o universo tem muitas histórias possíveis, cada uma com sua própria probabilidade. Há, por exemplo, uma história do universo em que a Inglaterra volta a ganhar a Copa do Mundo, mas a probabilidade talvez seja baixa. Essa ideia de que o universo tem múltiplas histórias pode soar como ficção científica, mas hoje é aceita como um fato científico. Seu autor foi Richard Feynman, que trabalhou no célebre e respeitável California Institute of Technology e costumava tocar bongô em uma boate de striptease na mesma rua. A abordagem de Feynman para compreender o funcionamento das coisas foi atribuir a cada possível história uma determinada probabilidade para depois aplicar essa noção em previsões. Funciona espetacularmente bem para prever o futuro. Presumimos, então, que deve funcionar também para deduzir o passado.

Hoje os cientistas estão trabalhando para combinar a teoria da relatividade geral de Einstein e a ideia das múltiplas histórias de Feynman em uma teoria unificada completa, que descreverá tudo que acontece no universo. Essa teoria unificada vai nos permitir calcular como o universo evolui, dado seu estado a determinado momento. Mas a teoria unificada em si não nos dirá como o universo começou ou qual foi seu estágio inicial. Para isso, precisamos de algo extra. É necessário algo chamado de condições de contorno — coisas que nos dizem o que acontece na fronteira do universo, nas margens do espaço e do tempo. Mas se a fronteira do universo for apenas um ponto normal do espaço e do tempo, poderíamos ultrapassá-la e reclamar o território além como parte do universo. Por outro lado, se o contorno do universo ficasse em uma margem irregular onde o espaço ou o tempo estivessem comprimidos e a densidade fosse infinita, seria muito difícil definir condições de contorno significativas. Assim não fica claro quais condições de contorno são necessárias. Não parece haver uma base lógica para a escolha de um conjunto de condições de contorno em detrimento de outro.

Entretanto, Jim Hartle — da Universidade da Califórnia, em Santa Barbara — e eu percebemos que havia uma terceira possibilidade. Talvez o universo não tivesse contorno no espaço e no tempo. À primeira vista, isso parece estar em contradição direta com os teoremas geométricos que mencionei antes. Eles mostravam que o universo deve ter tido um início, um limite no tempo. Porém, de modo a tornar as técnicas de Feynman matematicamente bem definidas, os matemáticos desenvolveram um conceito chamado tempo imaginário. Ele não tem nada a ver com o tempo real que vivenciamos. É um truque matemático para fazer os cálculos funcionarem ao substituir o tempo real percebido por nós. Nossa ideia foi dizer que não havia fronteira no tempo imaginário. Isso resolveu o problema de tentar inventar condições de contorno. Chamamos isso de proposição sem-contorno.

Se a condição de contorno do universo é de que não existe contorno no tempo imaginário, ela não terá uma única história. Há muitas histórias no tempo imaginário, e cada uma delas determina uma história em tempo real. Assim temos uma superabundância de histórias para o universo. O que então diferencia a história particular, ou o conjunto de histórias no qual vivemos, do conjunto de todas as histórias possíveis do universo?

Um ponto que podemos observar prontamente é que muitas dessas histórias possíveis do universo não passam pela sequência de formação de galáxias e estrelas, algo que foi essencial para nosso próprio surgimento. Talvez seres inteligentes possam surgir sem galáxias nem estrelas, mas parece pouco provável. Assim, o mero fato de existirmos como seres capazes de perguntar "Por que o universo é do jeito que é?" é uma restrição à história na qual vivemos. Implica ser uma dentre a minoria de histórias que contém galáxias e estrelas. Esse é um exemplo do que chamamos de princípio antrópico. O princípio antrópico diz que o universo tem que ser mais ou menos como o vemos porque, se fosse diferente, não haveria ninguém para observá-lo.

Muitos cientistas abominam o princípio antrópico porque parece ser um artifício enganoso sem grande capacidade de previsão. Mas o princípio antrópico pode receber uma formulação precisa e parece ser essencial à abordagem da origem do universo. A teoria-M, nossa melhor candidata para uma teoria unificada completa, admite um número muito grande de histórias possíveis para o universo. A maioria delas é bastante inadequada para o desenvolvimento de vida inteligente. São vazias, têm duração curta demais, são curvadas demais ou estão erradas de alguma maneira. E, contudo, segundo a ideia das múltiplas histórias de Richard Feynman, essas histórias sem habitantes podem ter uma probabilidade bem elevada.

Não estamos interessados em saber a quantidade de histórias possíveis que não contenham vida inteligente. Nosso único interesse é o subconjunto de histórias em que a vida inteligente se desenvolve. Essa vida inteligente não precisa se parecer em nada com a humana. Homenzinhos verdes também serviriam. Na verdade, talvez se saíssem até melhor. Não vemos muitos casos de comportamento inteligente na história da raça humana.

Como um exemplo do poder do princípio antrópico, considere o número de direções no espaço. É experiência comum o fato de vivermos em um espaço tridimensional. Ou seja, podemos representar a posição de um ponto no espaço com três números — latitude, longitude e altura acima do nível do mar, por exemplo. Mas por que o espaço é tridimensional? Por que ele não tem duas, quatro ou mais dimensões, como na ficção científica? Na teoria-M o espaço tem dez dimensões (a teoria propõe inclusive uma dimensão de tempo), mas se acredita que sete das dez direções espaciais sejam infinitesimalmente recurvadas, deixando três que são grandes e quase planas. É como um canudo de refrigerante. A superfície do canudo é bidimensional. Entretanto, uma direção é recurvada em um pequeno círculo, de modo que, visto de longe, o canudo parece uma linha unidimensional.

Por que não vivemos em uma história em que oito dimensões sejam infinitesimalmente recurvadas, deixando apenas duas dimensões perceptíveis? Um animal bidimensional passaria por apuros para digerir a comida. Se ele tivesse um intestino que passasse através dele, como nós temos, ele dividiria o animal em dois e o pobre coitado se desmantelaria. Assim, duas direções planas não são suficientes para algo tão complicado quanto a vida inteligente. Há algo especial a respeito de um espaço tridimensional. Com três dimensões, os planetas podem ter órbitas estáveis ao redor das estrelas. Isso é consequência de uma característica da gravitação, que segue a lei do quadrado inverso descoberta por Robert Hooke, em 1665, e elaborada por Isaac Newton. Imagine a atração gravitacional de dois corpos a determinada distância um do outro. Se a distância for duplicada, então a força entre eles diminui pela metade. Se a distância for triplicada, a força é dividida por nove. Se quadruplicada, divide-se por dezesseis, e assim por diante. Isso leva a órbitas planetárias estáveis. Vamos pensar agora em um espaço quadridimensional. Nele a gravitação obedeceria a lei do cubo inverso. Se a distância entre dois corpos for duplicada, a força gravitacional seria dividida por oito; se triplicada, por 27; se quadriplicada, por 64. Essa mudança para a lei do cubo inverso impediria que os planetas tivessem órbitas estáveis em torno de seus sóis. Eles cairiam no sol ou escapariam para as trevas e o frio do espaço exterior. De modo similar, as órbitas dos elétrons nos átomos não seriam estáveis, então a matéria como a conhecemos não existiria. Assim, embora a ideia de múltiplas histórias permitisse qualquer número de direções quase planas, apenas histórias com três direções planas conterão seres inteligentes. Apenas nessas histórias a questão será formulada: "Por que o espaço tem três dimensões?"

O QUE VEIO ANTES DO BIG BANG?

Segundo a proposição sem-contorno, perguntar o que veio antes do Big Bang não faz sentido – é como perguntar o que há ao sul do pólo Sul –, pois não existe um conceito de tempo disponível para ser empregado. A ideia de tempo só existe dentro do nosso universo.

Uma característica notável do universo observável diz respeito ao fundo de micro-ondas descoberto por Arno Penzias e Robert Wilson. Ele é essencialmente um vestígio fóssil de como era o universo quando muito jovem. Essa radiação de fundo é quase a mesma em todas as direções que olhemos. As diferenças entre direções são de cerca de uma parte em 100 mil. Essas diferenças são incrivelmente minúsculas e precisam de uma explicação. A explicação geralmente aceita para essa homogeneidade é que, muito no começo de sua história, o universo passou por um período de rápida expansão, por um fator de pelo menos um bilhão de bilhão de bilhão. Esse processo é conhecido como inflação, algo que foi bom para o universo, ao contrário da inflação de preços que muitas vezes nos atormenta. Se a história se resumisse a isso, a radiação de micro-ondas seria absolutamente a mesma em todas as direções. Então de onde vêm as pequenas discrepâncias?

No início de 1982, escrevi um artigo propondo que essas diferenças surgiam das flutuações quânticas durante o período inflacionário. As flutuações quânticas ocorrem como consequência do princípio da incerteza. Além do mais, essas flutuações foram a semente das estruturas em nosso universo: as galáxias, as estrelas e nós. Essa ideia obedece basicamente ao mesmo mecanismo da assim chamada radiação Hawking emanando do horizonte de um buraco negro, a qual eu previra uma década antes. Mas agora ela vem de um horizonte cosmológico, a superfície que dividiu o universo nas partes que podemos ver e nas partes não observáveis. Fizemos um workshop em Cambridge no verão desse ano, acompanhado por todos os principais pesquisadores nessa área. Nesse encontro, estabelecemos a maior parte do nosso cenário atual da inflação, incluindo as cruciais flutuações de densidade que deram origem à formação de galáxias e, portanto, à nossa existência. Diversas pessoas contribuíram para a resposta final. Isso foi dez anos antes de as flutuações no céu de micro-ondas terem sido descobertas pelo satélite COBE, em 1993. Ou seja, a teoria precedeu em muito a experimentação.

A cosmologia se tornou uma ciência de precisão dez anos depois, em 2003, com os primeiros resultados da sonda WMAP. A WMAP produziu um maravilhoso mapa da temperatura do céu de micro-ondas cósmico, uma fotografia do universo com cerca de um centésimo de sua presente idade. As irregularidades que você vê estão previstas pela inflação e significam que algumas regiões do universo tinham uma densidade ligeiramente mais elevada que outras. A atração gravitacional da densidade extra retarda a expansão dessa região e pode levá-la, no fim das contas, a entrar em colapso e formar galáxias e estrelas. Assim, olhe com cuidado para o mapa do céu de micro-ondas. Ele é a planta para toda a estrutura do universo. Somos o produto de flutuações quânticas em um universo muito primitivo. Deus joga dados, afinal.

Hoje a WMAP é superada pela sonda espacial Planck, com um mapa do universo com resolução muito maior. A Planck está testando nossas teorias de forma efetiva e pode até mesmo chegar a detectar a planta das ondas gravitacionais previstas pela inflação. Seria a marca da gravidade quântica por todo o céu.

Podem existir outros universos. A teoria-M prevê que uma multiplicidade de universos foi criada do nada, os quais correspondem às muitas diferentes histórias possíveis. Cada universo tem muitas histórias possíveis e muitos estados possíveis ao longo do seu desenvolvimento até o presente e rumo ao futuro. A maioria desses estados será muito diferente do universo que observamos.

Ainda há esperança de vermos a primeira evidência da teoria-M no Grande Colisor de Hádrons (LHC, sigla para Large Hadron Collider) no CERN, em Genebra. Da perspectiva da teoria-M, ele investiga apenas baixas energias, mas podemos ter sorte e ver um sinal mais fraco da teoria fundamental, como a supersimetria. Acho que a descoberta de parceiras supersimétricas para as partículas conhecidas revolucionaria nosso entendimento do universo.

Em 2013, foi anunciada a descoberta da partícula de Higgs pelo LHC no CERN. Essa foi a primeira descoberta de uma nova partícula elementar no século XXI. Há, portanto, certa esperança de que o LHC descubra a supersimetria. Mas mesmo que ele não descubra mais nenhuma partícula elementar, a supersimetria talvez venha à tona na próxima geração de aceleradores, os quais já estão sendo planejados.

O início do próprio universo no calor do Big Bang é o supremo laboratório de alta energia para testar a teoria-M e nossas ideias sobre os blocos de construção do espaço-tempo e da matéria. Teorias diferentes deixam em seu rastro diferentes digitais na presente estrutura do universo, de modo que os dados astrofísicos podem nos dar pistas sobre a unificação de todas as forças da natureza. Assim, pode muito bem haver outros universos, mas infelizmente nunca seremos capazes de explorá-los.

Vimos algo sobre a origem do universo, mas isso nos deixa com duas grandes questões. O universo vai ter fim? O universo é único?

Qual será então o comportamento futuro do universo em vista de suas histórias mais prováveis? Parece haver várias possibilidades compatíveis com o surgimento de seres inteligentes. Elas dependem da quantidade de matéria no universo. Se existe mais do que uma determinada quantidade crítica, a atração gravitacional entre as galáxias irá desacelerá-las durante a expansão.

No fim, elas começarão a cair umas sobre as outras e ficarão todas juntas no Big Crunch. Será o fim da história do universo em tempo real. Quando visitei o extremo oriente, pediram-me para não mencionar o Big Crunch, devido ao efeito que podia ter no mercado. Como os mercados quebraram, talvez a história tenha vazado de algum modo. Na Inglaterra, as pessoas não parecem muito preocupadas com um possível fim daqui a 20 bilhões de anos. Podemos comer, beber e farrear bastante antes disso.

Se a densidade do universo fica abaixo do valor crítico, a gravidade é fraca demais para impedir as galáxias de se afastarem pela eternidade. Todas as estrelas queimarão seu combustível, e o universo vai ficar cada vez mais vazio e frio. Então as coisas chegarão ao fim aqui também, mas de maneira menos dramática. De todo modo, ainda temos alguns bilhões de anos pela frente.

Nesta resposta, tentei explicar algo sobre as origens, o futuro e a natureza de nosso universo. O universo no passado era pequeno e denso, muito similar à casca de noz com a qual comecei minha explicação. No entanto, essa noz codifica tudo que acontece em tempo real. Dessa maneira, Hamlet tinha razão. Podemos estar confinados a uma noz e nos considerar reis do espaço infinito.

3

EXISTE OUTRA VIDA INTELIGENTE NO UNIVERSO?

Neste capítulo, gostaria de especular um pouco sobre a evolução da vida no universo e, em particular, sobre a evolução da vida inteligente. Incluo aí a espécie humana, ainda que grande parte de seu comportamento ao longo da história tenha se revelado bastante estúpido, pouco voltado para ajudar a sobrevivência da espécie. Duas questões que vou discutir são: "Qual a probabilidade de existir vida em outro lugar no universo?" e "Como a vida deve se desenvolver no futuro?"

Sabemos por experiência que as coisas ficam mais desordenadas e caóticas com o tempo. Esse fato tem até uma lei própria, a chamada *segunda lei da termodinâmica*. Ela diz que a quantidade total de desordem — ou entropia — no universo sempre aumenta com o tempo. Entretanto, a lei se refere apenas à quantidade total de desordem. A ordem em um corpo isolado pode aumentar, contanto que a quantidade de desordem em suas imediações aumente em quantidade ainda maior.

Isso é o que acontece com um ser vivo. Podemos definir a vida como um sistema ordenado que consegue continuar existindo contra a tendência à desordem e se reproduzir. Ou seja, ele pode criar sistemas similares, mas independentes. Para isso, o sistema deve converter a energia que está numa forma ordenada — comida, luz do sol, energia elétrica — em energia desordenada, na forma de calor. Assim, o sistema consegue satisfazer a exigência de aumentar a quantidade total de desordem ao mesmo tempo em que aumenta a ordem em si mesmo e no que produziu. Isso lembra uma casa que fica cada vez mais bagunçada toda vez que nasce um novo bebê.

Um ser vivo como você e eu apresenta dois elementos em geral: um conjunto de instruções que dizem ao sistema como continuar a existir e reproduzir, e um mecanismo para transmitir as instruções. Em biologia, essas duas partes são chamadas de genes e metabolismo. Mas vale frisar que não é necessário haver algo biológico em relação a elas. Por exemplo, o vírus de computador é um programa que faz cópias de si mesmo na memória de um computador e depois se transfere para outros computadores. Desse modo, ele se encaixa na definição de sistema vivo que apresentei. Da mesma maneira que um vírus biológico, ele está mais para uma forma degenerada, porque contém apenas instruções ou genes e não possui metabolismo próprio. Em vez disso, reprograma o metabolismo do computador hospedeiro ou da célula. Alguns questionam se os vírus devem ser considerados seres vivos, porque são parasitários e não podem existir independentemente de seus hospedeiros. Nesse caso, a maioria das formas de vida, nós inclusos, é parasitária, na medida em que se alimenta e depende de outras formas de vida para sobreviver. Acho que os vírus de computador deveriam ser considerados seres vivos. Talvez isso revele algo sobre a natureza humana: a única forma de vida que criamos até hoje é puramente destrutiva. Criar vida à própria imagem e semelhança! Voltarei às formas eletrônicas de vida mais adiante.

O que normalmente consideramos como "vida" se baseia em cadeias de átomos de carbono com alguns outros átomos, como nitrogênio ou fósforo. Podemos especular sobre a possível existência de vida baseada em outro alicerce químico, como o silício, mas o carbono parece ser o elemento mais propício, porque tem a química mais rica. A existência de átomos de carbono, com as propriedades que apresentam, exige um ajuste fino das constantes físicas, como a escala QCD, a carga elétrica e até a dimensão do espaço-tempo. Se essas constantes tivessem valores significativamente diferentes, o núcleo do átomo de carbono não ficaria estável ou os elétrons desabariam no núcleo. À primeira vista, parece extraordinário que o universo tenha essa sintonia tão fina. Talvez seja evidência de que ele foi especialmente projetado para produzir a raça humana. Entretanto, devemos tomar cuidado com esse tipo de raciocínio devido ao que é conhecido como princípio antrópico, a ideia de que nossas teorias sobre o universo devem ser compatíveis com nossa própria existência. Esse princípio se baseia no fato irrefutável de que, não fosse o universo propício à vida, não estaríamos perguntando por que seu ajuste é tão fino. O princípio antrópico pode ser aplicado em sua versão forte ou fraca. Para o princípio antrópico forte, supomos que haja muitos universos diferentes, cada um com diferentes valores das constantes físicas. Em pequeno número, os valores permitirão a existência de objetos como átomos de carbono, que podem atuar como blocos de construção de sistemas vivos. Uma vez que precisamos existir em um desses universos, não devemos nos espantar que as constantes físicas estejam em sintonia fina. Se não estivessem, não estaríamos aqui. A forma forte do princípio antrópico não é muito satisfatória, pois que definição operacional podemos atribuir à existência de todos esses outros universos? E se eles estão separados do nosso, de que maneira o que acontece neles pode nos afetar? Assim, adotarei o que ficou conhecido como princípio antrópico fraco. Ou seja, admitirei os valores das constantes físicas tais como dados. Mas verei que conclusões podem ser extraídas do fato de existir vida neste planeta, neste estágio da história do universo.

Não havia carbono quando o universo começou no Big Bang, cerca de 13,8 bilhões de anos atrás. O universo era tão quente que toda a matéria estava na forma de partículas, chamadas prótons e nêutrons. No começo haveria uma quantidade igual de prótons e nêutrons. Porém, à medida que o universo se expandia, ele também esfriava. Cerca de um minuto após o Big Bang, a temperatura teria caído em cerca de um bilhão de graus, quase cem vezes a temperatura do Sol. A uma temperatura dessas, os nêutrons começam a declinar em mais prótons.

Se fosse só isso, toda a matéria do universo teria terminado como o elemento mais simples, *hidrogênio*, cujo núcleo consiste de um único próton. Mas alguns nêutrons colidiram com prótons e se uniram para formar o elemento mais simples seguinte, *hélio*, cujo núcleo consiste de dois prótons e dois nêutrons. Mas nenhum elemento mais pesado, como *carbono* ou *oxigênio*, pode ter se formado no universo primitivo. É difícil imaginar que fosse possível construir um sistema vivo a partir apenas de hidrogênio e hélio — seja como for, o universo primitivo ainda era quente demais para os átomos se combinarem em moléculas.

O universo continuou a se expandir e a esfriar. Mas algumas regiões tinham densidades ligeiramente mais elevadas do que outras, e a atração gravitacional da matéria extra nessas zonas desacelerou sua expansão e acabou por cessá-la. Elas entraram em colapso e formaram galáxias e estrelas, mais ou menos 2 bilhões de anos após o Big Bang. Algumas estrelas primitivas teriam sido mais massivas que o nosso Sol; teriam ficado mais quentes do que ele e queimado o hidrogênio e hélio originais até virarem elementos mais pesados, como carbono, oxigênio e ferro. Isso pode ter levado apenas algumas centenas de milhões de anos. Depois, algumas estrelas explodiram como supernovas e dispersaram os elementos pesados novamente pelo espaço para formar a matéria-prima das futuras gerações de estrelas.

Outras estrelas estão distantes demais para vermos diretamente se há planetas em sua órbita. Entretanto, há duas técnicas que nos permitiram descobrir planetas ao redor das estrelas. A primeira é olhar para a estrela e checar se a quantidade de luz que ela emite é constante. Se um planeta passar diante dela, a luz da estrela será levemente obscurecida. A estrela irá esmaecer levemente. A regularidade dessa ocorrência indica que a órbita de um planeta percorre a frente da estrela com frequência. A segunda técnica consiste em medir a distância exata da estrela. Um planeta a orbitando induzirá uma pequena mudança na medida. Isso pode ser observado e, novamente, se for uma ocorrência regular, então é possível deduzir que se trata da órbita de um planeta ao redor da estrela. Esses métodos foram empregados pela primeira vez por volta de vinte anos atrás, e alguns milhares de planetas orbitando estrelas distantes já foram descobertos. Estima-se que, a cada cinco estrelas, uma tenha planeta similar à Terra, orbitando a uma distância compatível com as formas de vida que conhecemos. Nosso sistema solar foi formado há cerca de 4,5 bilhões de anos, ou cerca de 10 bilhões de anos após o Big Bang, por gases contaminados com os restos de estrelas mais primitivas. A Terra foi formada em sua maior parte pelos elementos mais pesados, incluindo carbono e oxigênio. De algum modo, o arranjo de parte desses átomos se deu na forma de moléculas de DNA. Essa é a famosa dupla hélice, descoberta na década de 1950 por Crick e Watson no New Museum Site em Cambridge. Há pares de ácidos nucleicos ligando as duas cadeias na hélice. Existem quatro tipos de ácidos nucleicos — *adenina, citosina, guanina* e *tiamina*. Uma adenina em uma cadeia é sempre emparelhada com uma tiamina da outra cadeia, e uma guanina o faz com uma citosina. Assim, a sequência de ácidos nucleicos em uma cadeia define uma sequência única, complementar, na outra cadeia. As duas cadeias podem então se separar e agir como modelos para a construção de novas cadeias. Dessa forma, moléculas de DNA podem reproduzir a informação genética, codificada em suas sequências de ácidos nucleicos. Seções da sequência também podem ser usadas para produzir proteínas e outros elementos químicos capazes de executar as instruções codificadas na sequência e montar a matéria-prima para o DNA se reproduzir.

Como afirmei anteriormente, não sabemos de que maneira as moléculas de DNA surgiram. Como as chances de uma molécula de DNA se originar de flutuações aleatórias são muito pequenas, algumas pessoas sugeriram que a vida chegou à Terra de outro lugar — por exemplo, trazida com rochas arrancadas de Marte quando os planetas ainda eram instáveis — e que há sementes da vida flutuando pela galáxia afora. Contudo, parece improvável que o DNA possa sobreviver por muito tempo na radiação do espaço.

Se o surgimento da vida em dado planeta fosse muito improvável, seria de se esperar que levasse um longo tempo. Mais precisamente, pode ser o caso de a vida só ter aparecido no último momento hábil para a subsequente evolução de seres inteligentes — como nós —, antes que o Sol se expanda e absorva a Terra. O intervalo de tempo para o desenvolvimento de seres inteligentes é a expectativa de vida do Sol — cerca de 10 bilhões de anos. Durante esse período, talvez uma forma de vida inteligente consiga dominar a viagem espacial e escapar para outra estrela. Caso contrário, a vida na Terra está condenada.

Existe evidência fóssil de que havia alguma forma de vida na Terra cerca de 3,5 bilhões de anos atrás. Isso pode ter sido apenas 500 milhões de anos após a Terra ter se estabilizado e esfriado o suficiente para permitir o surgimento de vida. Mas a vida pode ter levado 7 bilhões de anos para se desenvolver no universo, deixando ainda tempo para a evolução de seres como nós, capazes de fazer perguntas sobre a sua origem. Se a probabilidade de vida se desenvolver em um dado planeta é muito pequena, por que aconteceu na Terra, em cerca de $\frac{1}{14}$ do tempo disponível?

O aparecimento da vida na Terra rapidamente sugere uma boa chance da geração espontânea da vida em condições adequadas. Talvez houvesse alguma forma mais simples de organização que construiu o DNA. Depois que ele apareceu, pode ter sido bem-sucedido a ponto de substituir completamente as formas anteriores. Não sabemos quais teriam sido essas formas mais primitivas, mas uma possibilidade é o RNA.

O RNA é como o DNA, só que bem mais simples, sem estrutura de dupla hélice. Pedaços curtos de RNA poderiam se reproduzir como DNA e talvez no fim se desenvolver como DNA.

Não conseguimos produzir ácidos nucleicos no laboratório a partir de material não vivo, muito menos RNA. Mas acrescente 500 milhões de anos e oceanos cobrindo a maior parte da Terra, e talvez haja uma probabilidade razoável de o RNA ser produzido por acaso.

À medida que o DNA se replicava, erros aleatórios ocorriam, muitos dos quais eram prejudiciais e acabavam desaparecendo. Alguns eram neutros — não afetavam a função do gene. Outros poucos eram favoráveis à sobrevivência das espécies — sendo, portanto, escolhidos pela seleção natural darwiniana.

O processo de evolução biológica foi bem lento no começo. Levou 2,5 bilhões de anos para as células mais primitivas se desenvolverem em organismos multicelulares. Mas levou menos de 1 bilhão de anos para que se transformassem em peixes, e depois de peixes a mamíferos. Neste ponto, a evolução parece acelerar ainda mais. Levou apenas 100 milhões de anos para chegar dos primeiros mamíferos até nós. O motivo é que os peixes e os mamíferos já possuíam uma versão para a maior parte dos órgãos humanos essenciais. Desse ponto até a evolução a humanos foi necessário apenas um ajuste fino.

Contudo, a evolução atingiu com a raça humana um estágio crítico, comparável em importância ao desenvolvimento do DNA. Trata-se do desenvolvimento da *linguagem* e particularmente da linguagem escrita. Com isso, a informação pôde ser passada adiante, de geração em geração, de forma não genética, ou seja, sem o transporte pelo DNA. Houve alguma mudança detectável no DNA humano, ocasionada pela evolução biológica, nos 10 mil anos de história registrada, mas a quantidade de conhecimento passada de geração em geração cresceu imensamente. Escrevi livros para contar um pouco do que aprendi sobre o universo em minha longa carreira como cientista e, ao fazê-lo, estou transferindo conhecimento do meu cérebro para a página, de modo que você possa ler.

O DNA em um óvulo ou espermatozoide de seres humanos contém cerca de 3 bilhões de pares de base de ácidos nucleicos. Entretanto, grande parte da informação codificada nessa sequência é redundante ou está inativa. Assim, a quantidade total de informação útil em nossos genes é provavelmente algo como 100 milhões de bits. Um bit de informação é a resposta a uma questão sim/não. Um romance comum, por sua vez, pode conter 2 milhões de bits de informação. Logo, um ser humano equivale a cerca de cinquenta livros de *Harry Potter*, enquanto uma biblioteca nacional importante pode conter cerca de 5 milhões de livros — ou cerca de 10 trilhões de bits. A quantidade de informação transmitida em livros ou pela internet é 100 mil vezes maior do que no DNA.

Ainda mais importante é o fato de que a informação em livros pode ser alterada e atualizada muito mais rapidamente. Levou vários milhões de anos para evoluirmos dos primeiros primatas, menos avançados. Durante esse período, a informação útil em nosso DNA provavelmente mudou em apenas alguns milhões de bits. Dessa forma, a taxa de evolução biológica em humanos é de cerca de um bit por ano. Por outro lado, há cerca de 50 mil novos livros publicados em língua inglesa todo ano, contendo algo na ordem de 100 bilhões de bits de informação. Claro que a maior parte dessa informação é lixo e não tem utilidade para nenhuma forma de vida. Mesmo assim, a taxa na qual a informação útil pode ser acrescentada é milhões de vezes mais alta do que com o DNA, se não bilhões.

Isso significa que entramos em uma nova fase da evolução. No início, ela procedeu por seleção natural — a partir de mutações aleatórias. Essa fase darwiniana durou cerca de 3,5 bilhões de anos e produziu os humanos, seres que desenvolveram linguagem para trocar informação. Mas nos últimos 10 mil anos, ou algo assim, entramos no que pode ser chamado de *fase de transmissão externa*. Nela, o registro *interno* da informação, passando por sucessivas gerações de DNA, de algum modo mudou. Mas o registro *externo* — em livros e outras formas duradouras de armazenagem — cresceu imensamente.

Alguns usariam o termo "evolução" apenas para o material genético transmitido internamente e objetariam a que fosse aplicado à informação transmitida externamente. Mas acho que essa é uma visão estreita demais. Somos mais do que apenas nossos genes. Podemos não ser mais fortes ou inerentemente mais inteligentes do que nossos ancestrais das cavernas. Mas o que nos distingue deles é o conhecimento que acumulamos nos últimos 10 mil anos e, particularmente, nos últimos 3 mil anos. Acho legítimo assumir uma visão mais ampla e incluir a informação transmitida externamente, bem como o DNA, na evolução de nossa raça.

A escala de tempo da evolução, no período de transmissão externa, é a escala de tempo para o acúmulo de informação. Ela costumava ser de centenas ou até de milhares de anos. Mas agora essa escala encolheu para cerca de cinquenta anos ou menos. Por outro lado, o cérebro com que processamos essa informação evoluiu apenas na escala de tempo darwiniana, de centenas de milhares de anos. Isso começa a causar problemas. No século XVIII, dizia-se existir um homem que teria lido todos os livros já escritos. Mas, lendo um livro por dia, você levaria cerca de 15 mil anos para ler todos os livros em uma biblioteca nacional. A essa altura, muito mais livros teriam sido escritos.

Isso implica que nenhuma pessoa pode dominar além de uma fração do conhecimento humano. As pessoas têm que se especializar em áreas cada vez mais restritas. Isso provavelmente será uma grande limitação no futuro. Certamente não podemos continuar por muito tempo com a taxa exponencial de aumento do conhecimento que observamos nos últimos trezentos anos. Uma limitação e um perigo ainda maiores para as futuras gerações é que ainda temos os instintos e, em particular, os impulsos agressivos de nossos antepassados que viviam em cavernas. A agressão, na forma de subjugar ou matar outros homens para tomar suas mulheres e alimentos, contou como vantagem adaptativa até o presente momento. Mas hoje em dia poderia destruir toda a raça humana e grande parte do resto da vida na Terra.

SE EXISTE VIDA INTELIGENTE EM ALGUM OUTRO LUGAR ALÉM DA TERRA, SERIA SEMELHANTE ÀS FORMAS QUE CONHECEMOS OU DIFERENTE DELAS?

Quem disse que existe vida inteligente na Terra? Brincadeiras à parte, se existe vida inteligente em algum outro lugar, ela deve estar muito distante, ou então já teria visitado nosso planeta a essa altura. E acho que saberíamos se tivéssemos sido visitados; seria como no filme *Independence Day*.

Uma guerra nuclear ainda é o perigo mais imediato, mas há outros, como a disseminação de um vírus geneticamente modificado. Ou a desestabilização do efeito estufa.

Não há tempo para esperar que a evolução darwiniana nos deixe mais inteligentes e melhore nossa índole. Mas estamos entrando em uma nova fase que pode ser chamada de evolução autoprojetada, em que seremos capazes de mudar e melhorar nosso DNA. Hoje já temos o genoma humano todo mapeado, ou seja, lemos o "livro da vida", de modo que agora podemos começar a fazer correções. No início, essas mudanças se restringirão a consertar defeitos genéticos — como fibrose cística e distrofia muscular, que são controladas por genes isolados e, portanto, razoavelmente fáceis de identificar e corrigir. Outras qualidades, como inteligência, são provavelmente controladas por um grande número de genes e será bem mais difícil encontrá-los e descobrir as relações entre eles. Não obstante, tenho certeza de que as pessoas descobrirão no próximo século como modificar tanto a inteligência quanto os instintos agressivos, por exemplo.

Provavelmente serão criadas leis contra a engenharia genética em humanos. Mas algumas pessoas não serão capazes de resistir à tentação de aperfeiçoar nossas características, como capacidade de memória, resistência a doenças e expectativa de vida. Quando o super-humano surgir, haverá problemas políticos graves com os humanos não aprimorados, que serão incapazes de competir. Presumivelmente, acabarão morrendo ou se tornando irrelevantes. No lugar deles estará uma raça de seres autoprojetados se aperfeiçoando a uma taxa cada vez mais acelerada.

Se a raça humana conseguir se redesenhar para diminuir ou eliminar o risco da autodestruição, ela provavelmente se espalhará e colonizará outros planetas e estrelas. Entretanto, a viagem espacial de longa distância será difícil para formas de vida químicas — como nós — baseada em DNA. A expectativa de vida natural para seres como nós é curta se comparada ao tempo de viagem. Segundo a teoria da relatividade, nada pode viajar mais rápido do que a luz, assim um bate-volta para a estrela mais próxima levaria no mínimo oito anos, e cerca de 100 mil anos para o centro da galáxia. Na ficção científica, eles driblam esse inconveniente com a dobra espacial ou a viagem por dimensões extras. Mas não creio que isso algum dia venha a ser possível, por mais inteligente que a vida se torne. Na teoria da relatividade, caso seja possível viajar mais rápido do que a luz, é possível também viajar de volta no tempo, e seria um caos se as pessoas voltassem para mudar o passado. Também seria de se esperar já termos nos encontrado com uma porção de turistas vindos do futuro, curiosos por conhecer nossos costumes estranhos e antiquados.

Talvez seja possível usar a engenharia genética para fazer a vida baseada em DNA sobreviver indefinidamente, ou pelo menos cerca de 100 mil anos. Mas um modo mais fácil — e que já está praticamente dentro das nossas capacidades — seria enviar máquinas. Elas poderiam ser projetadas para durar tempo suficiente para a viagem interestelar. Quando chegassem a uma nova estrela, poderiam aterrissar em um planeta adequado e extrair minérios para produzir mais máquinas, que poderiam ser enviadas para novas estrelas. Essas máquinas seriam uma nova forma de vida baseada em componentes mecânicos e eletrônicos, não em macromoléculas. No fim das contas, elas poderiam substituir a vida baseada em DNA, assim como o DNA substituiu uma forma de vida mais primitiva.

●　●　●

Quais as chances de encontrarmos formas de vida alienígena à medida que exploramos a galáxia? Se o argumento sobre a escala de tempo para o surgimento de vida na Terra estiver correto, deve haver muitas outras estrelas cujos planetas contêm vida. Alguns desses sistemas estelares podem ter se formado 5 bilhões de anos antes da Terra — então por que a galáxia não está infestada de formas de vida mecânicas ou biológicas autoprojetadas? Por que a Terra não foi visitada ou até colonizada? A propósito, não levo em consideração sugestões de que OVNIs contenham seres do espaço sideral, uma vez que acredito que quaisquer visitantes alienígenas seriam bem mais evidentes — e bem mais desagradáveis, provavelmente.

Então por que não fomos visitados? Talvez a probabilidade de vida aparecendo espontaneamente seja tão baixa que a Terra é o único planeta na galáxia — ou no universo observável — em que isso aconteceu. Outra possibilidade é ter havido uma probabilidade razoável de formação de sistemas autorreplicadores, como as células, mas que a maioria dessas formas de vida não desenvolveu inteligência. Estamos acostumados a pensar na vida inteligente como uma consequência inevitável da evolução, mas e se não for assim? O princípio antrópico deve servir como advertência para sermos cautelosos nesse tipo de raciocínio. É mais provável que a evolução seja um processo aleatório, com a inteligência sendo apenas um dentre uma quantidade imensa de resultados possíveis.

Sequer está claro o valor da inteligência para a sobrevivência a longo prazo. Bactérias e outros organismos unicelulares devem sobreviver caso toda vida na Terra venha a ser destruída por nossas ações. Baseando-se na cronologia da evolução, a inteligência talvez seja um desenvolvimento improvável para a vida na Terra, na medida em que levou um tempo demasiado longo — 2,5 bilhões de anos — para a transformação de células simples em seres multicelulares, que são um precursor necessário da mesma. Essa é uma boa fração do tempo total disponível antes da expansão do Sol, então seria coerente com a hipótese da baixa probabilidade para o desenvolvimento da inteligência. Nesse caso, poderíamos esperar encontrar muitas outras formas de vida na galáxia, mas seria improvável encontrar vida inteligente.

Outra maneira pela qual a vida poderia deixar de evoluir para um estágio inteligente seria se um asteroide ou um cometa colidisse com o planeta. Já observamos a colisão de um cometa, o Shoemaker-Levy, com Júpiter. Ele produziu uma série de enormes bolas de fogo. Acredita-se que a colisão de um corpo um pouco menor com a Terra, há cerca de 70 milhões de anos, tenha sido responsável pela extinção dos dinossauros. Alguns pequenos mamíferos sobreviveram, mas qualquer coisa grande como um ser humano quase certamente teria sido destruída. É difícil dizer com que frequência essas colisões ocorrem, mas uma hipótese razoável é que aconteçam, em média, de 20 em 20 milhões de anos. Se esse número estiver correto, significaria que a vida inteligente na Terra se desenvolveu apenas devido ao puro acaso de não ter havido grandes colisões nos últimos 67 milhões de anos. Outros planetas na galáxia em que a vida poderia se desenvolver talvez não tenham tido um período livre de colisão longo o bastante para a evolução de seres inteligentes.

Uma terceira possibilidade é que haja uma probabilidade razoável para a formação de vida e o desenvolvimento de seres inteligentes, mas com um sistema instável em que a vida inteligente acaba por destruir a si mesma. Essa seria uma conclusão muito pessimista e tenho grande esperança de que não seja verdade.

Prefiro uma quarta possibilidade: a existência de outras formas de vida inteligente por aí que ainda não tenham sido percebidas por nós. Em 2015 estive envolvido com o lançamento do projeto Breakthrough Listen Initiatives, que faz observações via ondas de rádio na busca por inteligência extraterrestre. Com instalações de ponta, um generoso financiamento e milhares de horas aplicadas a telescópios de rádio, é o maior programa de pesquisa científica que já existiu cujo propósito fosse encontrar evidências de vida fora da Terra. Menciono ainda o Breakthrough Message, uma competição internacional de criação de mensagens a serem lidas por uma civilização avançada. Precisamos, no entanto, tomar cuidado para responder apenas quando nos desenvolvermos mais um pouco. Encontrar uma civilização mais avançada, em nosso atual estágio, pode ser um pouco como os habitantes originais da América ao encontrar Colombo — não creio que tenham pensado que a situação deles melhorou depois disso.

4

PODEMOS PREVER O FUTURO?

EM TEMPOS ANTIGOS, O MUNDO DEVIA PARECER BEM ARBITRÁRIO. Inundações, epidemias, terremotos ou vulcões aconteciam sem aviso ou motivo aparente. Os povos primitivos atribuíam esses desastres naturais a um panteão de deuses que se comportavam de maneira caprichosa e extravagante. Não havia como prever o que fariam, e a única esperança era cair em suas boas graças por meio de dádivas ou ações virtuosas. Muita gente se aferra a essa crença até hoje e tenta fazer um pacto com o destino. As pessoas prometem se comportar melhor em troca de uma boa nota na escola ou passar na prova de direção.

Pouco a pouco, porém, os seres humanos notaram determinadas regularidades no comportamento da natureza. Essas regularidades eram mais aparentes no movimento dos corpos celestes através do céu. Assim, a astronomia foi a primeira ciência a se desenvolver. Newton proveu uma base matemática sólida para ela há mais de trezentos anos, e ainda hoje usamos sua teoria da gravitação para prever o movimento de quase todos os corpos celestes. Seguindo o exemplo da astronomia, descobrimos que outros fenômenos naturais também obedeciam a leis científicas definidas. Isso levou à ideia do determinismo científico, que parece ter sido elaborada pelo cientista francês Pierre-Simon Laplace. Gostaria de citar suas exatas palavras, mas a escrita dele era como a de Proust, com sentenças absurdamente longas e intrincadas. Então decidi parafrasear a citação. Ele afirmou que, se em dado momento conhecêssemos as posições e velocidades de todas as partículas do universo, seríamos capazes de calcular seu comportamento a qualquer outro momento no passado ou no futuro. Existe uma história, provavelmente apócrifa, de que Napoleão teria perguntado a Laplace como deus se encaixava nesse sistema, a o que o cientista respondeu: "Não necessitei dessa hipótese." Não acho que Laplace estivesse alegando que deus não existe. Apenas que ele não intervém para quebrar as leis da ciência. Essa deve ser a posição de todo cientista. Uma lei científica não tem validade se vigora apenas quando algum ser sobrenatural decide permitir que as coisas sigam seu curso, sem intervir.

A ideia de que o estado do universo a dado momento determina seu estado a qualquer outro é um princípio fundamental da ciência desde o tempo de Laplace. Disso se infere que podemos prever o futuro, ao menos em princípio. Na prática, porém, nossa capacidade de previsão fica limitada pela complexidade das equações e de uma propriedade chamada caos. Como todo mundo que assistiu a *Jurassic Park* sabe, isso significa que uma pequena perturbação num lugar pode provocar uma grande alteração em outro. Uma borboleta batendo asas na Austrália faz chover em Nova York. O problema é que isso não é reproduzível. Da próxima vez que a borboleta bater suas asas, uma infinidade de outras coisas estará diferente, e isso também influenciará o clima. Por isso a previsão do tempo é tão pouco confiável.

A despeito dessas dificuldades práticas, o determinismo científico permaneceu o dogma oficial do século XIX. Mas, no século XX dois acontecimentos mostram que a visão de Laplace — de uma completa previsão do futuro — não pode se concretizar. O primeiro foi a mecânica quântica, proposta em 1900 pelo físico alemão Max Planck como uma hipótese *ad hoc* para resolver um paradoxo extraordinário. Segundo as ideias clássicas do século XIX, remontando a Laplace, um corpo aquecido, como um pedaço de metal incandescente, deve emitir radiação. Ele perderia energia na forma de ondas de rádio, infravermelho, luz visível, ultravioleta, raios X e raios gama, tudo a uma mesma taxa. Isso não só significaria que todo mundo morreria de câncer de pele, como também que tudo no universo estaria a uma mesma temperatura, algo claramente falso.

No entanto, Planck mostrou que esse desastre seria evitado se abandonássemos a ideia de que a quantidade de radiação poderia ter qualquer valor e afirmássemos, em vez disso, que ela vinha apenas em um determinado tamanho de pacotes — ou quanta. É um pouco como dizer que não podemos comprar açúcar solto no supermercado, apenas em sacos de 1 quilo. A energia nos pacotes ou quanta é mais elevada para o ultravioleta e os raios X do que para o infravermelho ou a luz visível. Significa que, a menos que um corpo seja muito quente — como o Sol —, ele não terá energia suficiente para emitir sequer um único quantum de ultravioleta ou raios X. É por isso que não ficamos bronzeados com uma xícara de café.

Planck considerava a ideia de quanta como um simples artifício matemático e não como uma realidade física, seja lá o que isso signifique. Entretanto, os físicos começaram a descobrir outro comportamento que podia ser explicado apenas em termos de quantidades com valores discretos ou quantizados, em oposição a valores continuamente variáveis. Por exemplo, descobriu-se que partículas elementares se comportavam como pequenos peões, girando em torno de um eixo. Mas a quantidade de giros não podia simplesmente ter um valor qualquer. Precisava ser o múltiplo de uma unidade básica. Como essa unidade é muito pequena, não percebemos a diminuição da velocidade de um peão como uma sequência de etapas discretas, mas sim como um processo contínuo. Mas, para peões tão pequenos quanto átomos, a natureza discreta do giro — ou spin — é muito importante.

Levou algum tempo até os pesquisadores perceberem as implicações desse comportamento quântico para o determinismo. Foi apenas em 1927 que Werner Heisenberg, outro físico alemão, observou que não era possível alcançar a exatidão ao se medir simultaneamente a posição e a velocidade da partícula.

Para ver onde a partícula está, temos que jogar luz sobre ela. Segundo o trabalho de Planck, não podemos usar uma quantidade de luz arbitrariamente pequena. É preciso usar no mínimo um quantum. Isso vai perturbar a partícula e mudar sua velocidade de uma maneira que não pode ser prevista. Para medir a posição da partícula acuradamente, precisaremos usar luz de comprimento de onda curto, como ultravioleta, raios X ou raios gama. Mas, novamente pelo trabalho de Planck, os quanta dessas formas de luz têm energias mais elevadas do que na luz visível. Assim, eles perturbam mais a velocidade da partícula. É um exercício inglório: quanto maior a precisão que tentamos alcançar ao medir a posição da partícula, menor a precisão que alcançaremos a respeito de sua velocidade, e vice-versa. Isso está resumido no princípio da incerteza formulado por Heisenberg: a incerteza na posição de uma partícula multiplicada pela incerteza em sua velocidade é sempre maior do que uma quantidade chamada constante de Planck dividida pelo dobro da massa da partícula.

A visão do determinismo científico de Laplace exigia saber as posições e velocidades das partículas do universo em um instante no tempo, de modo que foi seriamente abalada com o princípio da incerteza de Heisenberg. Como seria possível prever o futuro se é impossível medir com precisão tanto as posições como as velocidades das partículas no momento presente? Por mais potente que seja o computador a sua disposição, se os dados inseridos forem ruins, as previsões serão ruins.

Einstein não gostou nem um pouco dessa aparente aleatoriedade da natureza. Sua visão sobre o assunto ficou resumida na famosa frase "Deus não joga dados". Ele parece ter achado que a incerteza era apenas provisória e que havia uma realidade subjacente onde as partículas teriam posições e velocidades bem definidas e evoluiriam de acordo com as leis deterministas no espírito de Laplace. Essa realidade podia ser conhecida por deus, mas a natureza quântica da luz nos impediria de vê-la, a não ser por um vidro embaçado.

A visão de Einstein era o que hoje chamamos de uma teoria das variáveis ocultas. As teorias das variáveis ocultas podem parecer a maneira mais óbvia de incorporar o princípio da incerteza à física e formam a base da imagem mental do universo defendida por muitos cientistas e por quase todos os filósofos da ciência. Mas essas teorias das variáveis ocultas estão erradas. O físico britânico John Bell concebeu um teste experimental capaz de refutá-las. Quando o experimento foi cuidadosamente conduzido, os resultados foram incompatíveis com as tais teorias. Assim parece que até deus é limitado pelo princípio da incerteza e não pode saber conjuntamente a posição e a velocidade de uma partícula. Todas as evidências apontam que deus é um apostador inveterado que nunca deixa passar uma oportunidade de jogar os dados.

Outros cientistas estavam mais preparados que Einstein para modificar a visão clássica do determinismo no século XIX. Uma nova teoria, a mecânica quântica, foi proposta por Heisenberg, pelo austríaco Erwin Schröedinger e pelo britânico Paul Dirac. Dirac foi o penúltimo a ocupar a cátedra lucasiana em Cambridge antes de mim. Embora a mecânica quântica esteja por aí há quase setenta anos, continua sem ser amplamente compreendida ou apreciada, mesmo pelos que a utilizam para cálculos. Contudo, deveria interessar a todos, porque representa um quadro bem diferente do universo físico e da realidade. Nela, as partículas não possuem posições e velocidades bem definidas, sendo representadas pela função de onda. Trata-se de um número em cada ponto do espaço. O tamanho da função de onda fornece a probabilidade de que a partícula seja encontrada nessa posição. A taxa em que a função de onda varia de um ponto a outro indica a velocidade da partícula. Podemos ter uma função de onda que tem um pico muito forte em uma pequena região. Isso significa que a incerteza na posição é pequena, mas a função de onda irá variar muito rapidamente próxima ao pico, subindo de um lado e descendo do outro. Assim, a incerteza na velocidade será grande. De modo similar, podemos ter funções de onda em que a incerteza na velocidade é pequena, mas a incerteza na posição é grande.

A função de onda contém tudo que podemos saber da partícula: tanto sua posição quanto sua velocidade. Se você conhece a função de onda a dado momento, então seus valores em outros momentos são determinados pela equação de Schröedinger. Resta, assim, uma espécie de determinismo, não do tipo concebido por Laplace. Em vez da capacidade de prever as posições e

AS LEIS QUE GOVERNAM O UNIVERSO NOS PERMITEM PREVER COM EXATIDÃO O QUE ACONTECERÁ NO FUTURO?

A resposta breve é não... e sim. Em tese, as leis nos permitem prever o futuro. Mas os cálculos são muito difíceis na prática.

de canhão. Mas são pequenas se comparadas à velocidade da luz, que é de 300 mil quilômetros por segundo. Assim, a luz pode escapar da Terra ou do Sol sem grande dificuldade. Entretanto, Michell argumentou que devia haver estrelas muito mais massivas do que o Sol, com velocidades de escape maiores do que a velocidade da luz. Não conseguiríamos vê-las porque toda luz emitida seria puxada de volta pela gravidade. Dessa forma, elas seriam o que Michell denominou de estrelas negras e que hoje chamamos de buracos negros.

Para compreendê-los, precisamos começar pela gravidade. A gravidade é descrita pela teoria da relatividade geral de Einstein, que é a teoria do espaço e tempo tanto quanto da gravidade. O comportamento do espaço e do tempo é governado pelas chamadas equações de Einstein, desenvolvidas por ele em 1915. Embora seja com folga a mais fraca dentre as quatro forças fundamentais da natureza, a gravidade tem duas vantagens cruciais sobre as demais. Primeira, seu amplo alcance de atuação. Por exemplo, a Terra se mantém em órbita do Sol a 150 milhões de quilômetros de distância, e o Sol se mantém na órbita do centro da galáxia a cerca de 10 mil anos-luz de distância. A segunda vantagem é que a gravidade sempre exerce atração, ao contrário das forças elétricas, que podem atrair ou repelir. Essas duas características significam que, em uma estrela suficientemente grande, a atração gravitacional entre as partículas pode dominar todas as demais forças e levar ao colapso gravitacional. A despeito desses fatos, a comunidade científica demorou a perceber

Às vezes dizemos que os fatos são mais estranhos do que a ficção, e em nenhum outro lugar isso é mais verdadeiro do que em um buraco negro. Eles são mais estranhos do que qualquer coisa já imaginada por escritores de ficção científica, mas estão firmemente estabelecidos como um fato científico.

O primeiro a falar em buracos negros foi John Michell, de Cambridge, em 1783. Segundo seu raciocínio, se dispararmos uma partícula — pense em uma bala de canhão — verticalmente para cima, ela vai ser desacelerada pela gravidade. No fim, a partícula vai parar o movimento para cima e vai cair. Entretanto, se a velocidade inicial para o alto for superior a determinado valor crítico — chamado velocidade de escape —, a gravidade não terá força suficiente para deter a partícula e ela irá embora. Na Terra, a velocidade de escape é de aproximadamente doze quilômetros por segundo; no Sol, cem quilômetros por segundo. Ambas são muito mais elevadas do que a velocidade de balas

5

O QUE HÁ DENTRO DE UM BURACO NEGRO?

velocidades das partículas, tudo que podemos prever é a função de onda. Isso significa que podemos estimar apenas metade do que dita a visão clássica do século XIX.

Embora a mecânica quântica leve à incerteza quando tentamos descobrir tanto a posição quanto a velocidade, ela ainda nos permite prever, com certeza, uma combinação entre posição e velocidade. Entretanto, mesmo esse grau de certeza parece ameaçado por descobertas mais recentes. Isso se dá porque a gravidade pode dobrar o espaço-tempo de tal forma que há regiões do espaço que não conseguimos observar.

Essas regiões são o interior dos buracos negros. Isso significa que não podemos, sequer em princípio, observar as partículas dentro deles. Não há modo algum de mensurar suas posições ou velocidades. Assim, resta a questão de descobrir se isso introduz uma nova imprevisibilidade além da encontrada na mecânica quântica.

Para resumir, a visão clássica — desenvolvida por Laplace — era de que o movimento futuro das partículas seria completamente determinado se o observador soubesse suas posições e velocidades a um dado momento. Essa visão teve que ser modificada quando Heisenberg propôs seu princípio da incerteza, ou seja, de que é impossível saber precisa e simultaneamente a posição e a velocidade da partícula. Porém, ainda era possível prever uma combinação da posição e da velocidade. Mas talvez até mesmo essa previsibilidade limitada possa desaparecer se levarmos os buracos negros em consideração.

que estrelas massivas podiam colapsar em si mesmas sob efeito da própria gravidade e a imaginar o comportamento do objeto restante. Albert Einstein chegou até a escrever um artigo em 1939 alegando que estrelas não podiam entrar em colapso sob a gravidade porque a matéria só podia ser comprimida até certo ponto. Muitos cientistas partilhavam dessa intuição de Einstein. A principal exceção foi o cientista americano John Wheeler que, em muitos sentidos, é o herói da história do buraco negro. Em seu trabalho nas décadas de 1950 e 1960, ele destacou que muitas estrelas acabavam entrando em colapso e explorou os problemas que isso oferecia à física teórica. Wheeler também previu inúmeras propriedades dos objetos em que as estrelas colapsadas se transformavam, isto é, buracos negros.

Durante a maior parte da vida de uma estrela normal — muitos bilhões de anos —, ela vai se sustentar contra a própria gravidade pela pressão termal causada por processos nucleares, os quais convertem hidrogênio em hélio. No fim, porém, a estrela vai esgotar seu combustível nuclear. Ela vai se contrair. Em alguns casos, pode conseguir se sustentar como uma anã branca — a densa sobra remanescente de um núcleo estelar. Entretanto, Subrahmanyan Chandrasekhar demonstrou em 1930 que a massa máxima de uma anã branca é cerca de 1,4 vezes a massa do Sol. De um modo similar, um valor máximo para a massa de uma estrela de nêutrons foi calculado pelo físico russo Lev Landau.

E quanto às incontáveis estrelas cujas massas são maiores do que a massa máxima de uma anã branca? Ou quanto às estrelas de nêutrons? Qual seria o destino delas após terem esgotado seu combustível nuclear? O problema foi investigado por Robert Oppenheimer, que se tornou conhecido posteriormente por sua participação na criação da bomba atômica. Em dois artigos em 1939, com George Volkoff e Hartland Snyder, ele demonstrou que a pressão não poderia sustentar estrelas assim. E que, ao se abstrair a pressão, uma estrela uniforme que seja esfericamente sistemática e simétrica contrairia a um ponto único de densidade infinita. Esse ponto é chamado de singularidade. Todas as nossas teorias do espaço estão formuladas sobre o pressuposto de que o espaço-tempo é liso e quase plano, portanto não vigoram na singularidade, onde a curvatura do espaço-tempo é infinita. Na verdade, ela marca o fim do espaço e do tempo em si. Foi isso que Einstein achou inaceitável.

Então veio a guerra. A maioria dos cientistas, entre eles Robert Oppenheimer, passou a se interessar pela física nuclear, o que levou o problema do colapso gravitacional a ser praticamente esquecido. O interesse no assunto renasceu com a descoberta dos objetos longínquos chamados quasares. O primeiro quasar, 3C273, foi descoberto em 1963 e logo muitos outros foram encontrados. Quasares eram brilhantes mesmo à grande distância. Processos nucleares não podiam explicar sua produção de energia, porque eles liberam apenas uma pequena fração de sua massa de repouso como energia pura. A única alternativa era a energia gravitacional liberada por um colapso gravitacional.

O colapso gravitacional de estrelas foi redescoberto. Quando ocorre tal colapso, a gravidade do objeto puxa toda a matéria circundante para dentro. Ficou claro que uma estrela esférica uniforme se contrairia a um ponto de densidade infinita, uma singularidade. Mas o que aconteceria se a estrela não fosse uniforme e esférica? Isso poderia fazer com que diferentes partes dela passassem umas pelas outras, evitando a singularidade? Em um artigo extraordinário de 1965, Roger Penrose demonstrou — apenas por meio do fato de que a gravidade é uma força atrativa — que continuaria havendo singularidade.

As equações de Einstein não são nítidas em uma singularidade. Isso significa que, nesse ponto de densidade infinita, é impossível prever o futuro. Sugere que algo estranho poderia acontecer sempre que uma estrela entrasse em colapso. Não seríamos afetados pela falência da previsão se as singularidades não fossem nuas, ou seja, não fossem protegidas do exterior. Penrose propôs a conjectura da censura cósmica: todas as singularidades formadas pelo colapso de estrelas ou outros corpos estão ocultas da vista dentro dos buracos negros. O buraco negro é uma região onde a gravidade é tão forte que a luz não consegue escapar. A conjectura da censura cósmica é tomada quase como certa, porque uma série de tentativas de refutá-la fracassou.

Quando o termo "buraco negro" foi introduzido por John Wheeler, em 1967, substituiu "estrela congelada", o nome anterior. A expressão cunhada por Wheeler enfatizava que os restos de estrelas colapsadas eram interessantes por si mesmos, independentemente de como foram formados. O novo nome pegou rápido.

De fora, não podemos dizer o que há dentro de um buraco negro. Seja lá o que caiu dentro deles, ou como foram formados, todos eles têm a mesma aparência. John Wheeler definiu esse princípio numa expressão que ficou famosa: "Buracos negros não têm cabelo."

O buraco negro tem uma fronteira chamada horizonte de eventos. É onde há força da gravidade suficiente para puxar a luz de volta e impedir que escape. Como nada pode viajar mais rápido do que a velocidade da luz, tudo mais será igualmente puxado. Cair pelo horizonte de eventos é um pouco como descer as cataratas do Niágara numa canoa. Se você estiver acima da queda-d'água, pode se safar caso reme com velocidade suficiente, mas uma vez ultrapassada a beirada, já era: não tem mais volta. Conforme você se aproxima da queda, a correnteza fica mais rápida. Isso significa que a tração é maior na frente da canoa do que atrás. Existe o risco de que a canoa se parta ao meio. É a mesma coisa com os buracos negros. Se você cair de pé em um buraco negro, a gravidade vai atrair seus pés com mais força do que sua cabeça, porque eles estão mais próximos do buraco. Como consequência, você será esticado no sentido do comprimento e espremido lateralmente. Se a massa do buraco negro tiver massa maior que a do Sol multiplicada algumas vezes, você será dilacerado e vai virar espaguete antes de atingir o horizonte. Contudo, se caísse em um buraco negro muito maior, com massa superior a um milhão de vezes a do Sol, você chegaria ao horizonte sem contratempos. Assim, se pretende explorar o interior de um buraco negro, escolha um grande. Há um buraco negro com massa de cerca de 4 milhões de vezes a do Sol no centro da nossa galáxia, a Via Láctea.

Embora a pessoa em si não fosse notar nada especial ao cair no buraco negro, um observador distante nunca a veria ultrapassar o horizonte de eventos. A impressão seria de que ela diminuiu de velocidade e está pairando do lado de fora. Sua imagem ficaria cada vez mais apagada e cada vez mais vermelha até efetivamente sumir de vista. Para o mundo exterior, ela estaria perdida para sempre.

Tive um momento heureca pouco após o nascimento da minha filha Lucy: descobri o teorema da área. Se a relatividade geral está correta e a densidade de energia da matéria é positiva conforme o usual, então a área de superfície do horizonte de eventos — a fronteira de um buraco negro — apresenta a propriedade de sempre crescer quando matéria adicional ou radiação cai no buraco negro. Além do mais, se dois buracos negros colidem e se fundem para criar um único buraco negro, a área do horizonte de eventos em torno do buraco negro resultante é maior do que a soma das áreas dos horizontes de evento em torno dos buracos negros originais. O teorema da área pode ser testado experimentalmente pelo Laser Interferometer Gravitational-Wave Observatory (LIGO). Em 14 de setembro de 2015, o LIGO detectou ondas gravitacionais da colisão e fusão de um buraco negro binário. Com a forma da onda, podem-se estimar as massas e os momentos angulares dos buracos negros e, pelo teorema da calvície, eles determinam as áreas de horizonte.

Essas propriedades sugerem uma semelhança entre a área do horizonte de eventos de um buraco negro e a física clássica convencional, especificamente o conceito de entropia em termodinâmica. A entropia pode ser encarada como uma medida da desordem de um sistema ou, em termos equivalentes, como a falta de conhecimento sobre seu estado preciso. A famosa segunda lei da termodinâmica afirma que a entropia sempre aumenta com o tempo. Essa descoberta foi o primeiro indício dessa ligação crucial.

A analogia entre as propriedades dos buracos negros e as leis da termodinâmica pode ser estendida. A primeira lei da termodinâmica afirma que uma pequena mudança na entropia de um sistema é acompanhada por uma mudança proporcional na energia do sistema. Brandon Carter, Jim Bardeen e eu encontramos uma lei similar relacionando a mudança na massa de um buraco negro à mudança na área do horizonte de eventos. Aqui o fator de proporcionalidade envolve uma quantidade chamada gravidade de superfície, que é uma medida da força do campo gravitacional no horizonte de eventos. Se admitimos que a área do horizonte de eventos é análoga à entropia, então pareceria que a gravidade de superfície é análoga à temperatura. A similaridade é reforçada pelo fato de que a gravidade de superfície acaba se revelando a mesma em todos os pontos do horizonte de eventos, assim como a temperatura é a mesma em toda parte em um equilíbrio termal.

Embora haja uma clara similaridade entre a entropia e a área do horizonte de eventos, não ficou óbvio para nós como a área podia ser identificada como a própria entropia de um buraco negro. O que implicaria a entropia de um buraco negro? A sugestão crucial foi feita em 1972 por Jacob Bekenstein, aluno de pós-graduação na Universidade de Princeton. É mais ou menos assim: quando um buraco negro é criado pelo colapso gravitacional, ele rapidamente chega a um estado estacionário, que é caracterizado por três parâmetros: massa, momento angular e carga elétrica.

Isso leva a crer que não há relação entre o estado final de um buraco negro e a composição do corpo que entrou em colapso, seja matéria ou antimatéria, tampouco sua forma, seja esférica ou muito irregular. Em outras palavras, um buraco negro de determinadas massa, momento angular e carga elétrica poderia ter sido formado pelo colapso de qualquer uma dentre a grande quantidade de diferentes configurações da matéria. Assim, o que parece um único buraco negro poderia ser formado pelo colapso de um grande número de diferentes tipos de estrela. Na verdade, se os efeitos quânticos fossem ignorados, a quantidade de configurações seria infinita, uma vez que o buraco negro poderia ter sido formado pelo colapso de uma nuvem de um número indefinidamente grande de partículas de massa indefinidamente baixa. Mas a quantidade de configurações poderia ser realmente infinita?

A mecânica quântica envolve, como já se sabe, o princípio da incerteza. Ele afirma que é impossível medir tanto a posição como a velocidade de um dado objeto. Se alguém mensura com precisão a posição de algo, não é possível determinar sua velocidade. Se alguém mensura com precisão a velocidade de algo, não é possível determinar sua posição. Na prática, isso significa que é impossível localizar algo. Suponha que você precise medir o tamanho de alguma coisa, e para isso você vai precisar descobrir onde estão as extremidades desse objeto. Você nunca poderá fazê-lo com precisão, porque envolve mensurar ao mesmo tempo tanto a posição quanto a velocidade dele. Sendo assim, é impossível descobrir o tamanho de um objeto. A única alternativa é dizer que o princípio da incerteza torna impossível afirmar com precisão o tamanho de algo. Acontece que o princípio de incerteza impõe um limite ao tamanho. Após um pouco de cálculo, descobre-se que há um tamanho mínimo para determinada massa do objeto. Tal tamanho mínimo é pequeno para objetos pesados, mas ao observar objetos cada vez mais leves, o tamanho mínimo aumenta cada vez mais. Ele pode ser visto como uma consequência de que, na mecânica quântica, objetos podem ser vistos tanto como ondas quanto como partículas. Quanto mais leve for um objeto, maior é seu comprimento de onda e por isso mais espaçado. Quanto mais pesado for um objeto, menor é seu comprimento de onda, então ele parecerá mais compacto. Combinar essas ideias com as da relatividade geral implica que apenas objetos que ultrapassam um determinado peso conseguem formar buracos negros. Esse peso é aproximadamente o de um grão de sal. Uma outra consequência dessas ideias é que a quantidade de configurações capazes de formar um buraco negro com certa massa, momento angular e carga elétrica, embora muito grande, também pode ser finita. Jacob Bekenstein sugeriu que poderíamos interpretar a entropia de um buraco negro a partir desse número finito. Ela seria uma medida da quantidade de informação que parece irremediavelmente perdida durante o colapso em que o buraco negro é criado.

A falha aparentemente fatal na sugestão de Bekenstein foi que, se um buraco negro tem entropia finita proporcional à área de seu horizonte de eventos, também deveria ter temperatura diferente de zero, que seria proporcional à sua gravidade de superfície. Isso implicaria que um buraco negro poderia estar em equilíbrio com a radiação termal em uma temperatura diferente de zero. Porém, segundo conceitos clássicos, esse equilíbrio não é possível, uma vez que o buraco negro absorveria qualquer radiação termal que caísse ali dentro, mas, por definição, não seria capaz de emitir nada de volta. A emissão de calor, portanto, não é possível.

Isso criou um paradoxo sobre a natureza dos buracos negros, objetos incrivelmente densos criados pelo colapso das estrelas. Uma teoria sugeria que buracos negros de características idênticas poderiam ser formados por um número infinito de diferentes tipos de estrelas. Outra, que o número podia ser finito. Trata-se de um problema calcado na ideia de que toda partícula e toda força no universo contêm informação.

Como buracos negros não têm cabelo — segundo a definição de John Wheeler —, não temos como dizer o que há dentro dele, à parte sua massa, carga elétrica e rotação. Isso significa que um buraco negro deve conter um monte de informações que estão escondidas do mundo exterior. Mas há um limite para a quantidade de informação que podemos comprimir em uma região do espaço. Informação exige energia, e a energia tem massa — segundo a famosa equação de Einstein, $E = mc^2$. Assim, se há informação demais em uma região do espaço, ela entrará em colapso para formar um buraco negro, e o tamanho dele refletirá a quantidade de informação. É como empilhar cada vez mais livros na biblioteca. Um dia as prateleiras despencam e a biblioteca desmorona, virando um buraco negro.

Se a quantidade de informação oculta dentro de um buraco negro dependesse do tamanho do buraco, deveríamos esperar, com base nos princípios gerais, que o buraco negro tivesse temperatura e brilhasse como uma barra de metal incandescente. Mas isso era impossível porque, como todo mundo sabe, nada pode sair de um buraco negro. Ou assim se pensava.

Esse problema continuou até o início de 1974, quando eu investigava como seria o comportamento da matéria na vizinhança de um buraco negro de acordo com a mecânica quântica. Para minha grande surpresa, descobri que o buraco negro parecia emitir partículas a uma taxa constante. Como todo mundo na época, eu aceitava a máxima de que um buraco negro não podia emitir coisa alguma. Logo, lutei bastante para tentar me livrar desse efeito constrangedor. Mas quanto mais pensava a respeito, mais ele se recusava a sumir, de modo que, no fim, tive que aceitá-lo. O que finalmente me convenceu de que isso era um processo físico real foi que a emanação de partículas tem um espectro de caráter termal. Meus cálculos previram que um buraco negro cria e emite partículas e radiação, exatamente como se fosse um corpo quente comum, com uma temperatura proporcional à gravidade de superfície e inversamente proporcional à massa. Essa descoberta deu total coerência à sugestão problemática de Jacob Bekenstein de que um buraco negro tinha entropia finita, uma vez que implicava que ele poderia estar em equilíbrio termal numa temperatura finita diferente de zero.

Desde essa época, a evidência matemática de que buracos negros emitem radiação térmica foi confirmada por uma série de outros pesquisadores com várias abordagens diferentes. Uma maneira de compreender a emissão é a seguinte: a mecânica quântica sugere que o espaço todo é preenchido por partículas e antipartículas virtuais que estão constantemente se materializando aos pares, separando-se e depois voltando a se unir para se aniquilarem mutuamente. Essas partículas podem ser chama-

CAIR EM UM BURACO NEGRO SERIA RUIM PARA UM COSMONAUTA?

Seria péssimo. Se fosse um buraco negro estelar massivo, ele seria transformado em espaguete antes de atingir o horizonte. Por outro lado, no caso de um buraco negro supermassivo, ele atravessaria o horizonte facilmente, mas seria esmagado e deixaria de existir na singularidade.

das de virtuais porque, ao contrário das partículas reais, não são observáveis diretamente com um detector. Não obstante, seus efeitos indiretos podem ser medidos e sua existência foi confirmada por um pequeno desvio, denominado desvio de Lamb, produzido nas energias do espectro da luz emitida por átomos de hidrogênio excitados. Ora, na presença de um buraco negro, um membro de um par de partículas virtuais pode cair no buraco, deixando o outro sem um parceiro com o qual se aniquilar. A partícula ou antipartícula desamparada talvez caia no buraco após sua parceira, mas também pode escapar para o infinito, manifestando-se como radiação emitida pelo buraco negro.

Outra maneira de observar o processo é considerar que o componente do par de partículas que cai no buraco negro — digamos a antipartícula — como sendo na verdade uma partícula que está voltando no tempo. Assim a antipartícula caindo no buraco negro pode ser percebida como uma partícula saindo do buraco negro, mas viajando de volta no tempo. Quando a partícula atinge o ponto em que o par partícula/antipartícula originalmente se materializou, ela é dispersada pelo campo gravitacional, de modo que viaja adiante no tempo. Um buraco negro com a massa do Sol vazaria partículas a uma taxa tão reduzida que seria impossível de detectar. Entretanto, poderia haver miniburacos negros muito menores, com a massa de uma montanha, por exemplo. Eles talvez tenham se formado no universo muito primitivo, caso fosse caótico e irregular. Um buraco negro com essa massa expeliria raios X e raios gama a uma taxa de cerca de 10 milhões de megawatts, energia suficiente para suprir a eletricidade mundial. Não seria fácil, porém, utilizar um miniburaco negro. Você não poderia mantê-lo numa usina de energia porque ele cairia através do chão e terminaria no centro da Terra. Se tivéssemos um buraco negro desses, talvez a única maneira de ficar com ele seria mantendo-o na órbita da Terra.

Os pesquisadores têm procurado por miniburacos negros com essa massa, mas até o momento não encontraram nenhum. É uma pena. Se tivessem encontrado, eu teria ganhado um prêmio Nobel. Outra possibilidade, porém, é sermos capazes de criar microburacos negros nas dimensões extras do espaço-tempo. Segundo algumas teorias, o universo em que vivemos é apenas uma superfície quadridimensional em um espaço de dez ou onze dimensões. O filme *Interestelar* dá uma ideia de como seria. Não veríamos as dimensões extras porque a luz não se propagaria por elas, mas apenas pelas quatro dimensões do nosso universo. A gravidade, porém, afetaria as dimensões extras e seria muito mais forte do que em nosso universo. Isso tornaria muito mais fácil formar um pequeno buraco negro nas dimensões extras. Talvez seja possível observar isso no LHC, o Grande Colisor de Hádrons, no CERN, na Suíça. Ele consiste de um túnel circular de 27 quilômetros de comprimento. Dois raios de partículas viajam por esse túnel em direções opostas e são levados a colidir. Algumas colisões devem criar microburacos negros. Eles irradiariam partículas em um padrão que seria fácil de reconhecer. Então talvez eu ganhe um Prêmio Nobel, afinal.*

À medida que as partículas escapam do buraco negro, ele perde massa e encolhe. Isso aumenta a taxa de emissão de partículas até que, no fim, o buraco negro perde toda sua massa e desaparece. O que acontece então com todas as partículas ou com os desafortunados astronautas que caíram no buraco negro? Eles não podem ressurgir quando o buraco negro desaparece. As partículas que escapam parecem ser completamente aleatórias e não guardar relação com o que caiu ali dentro. Parece que a informação sobre o que caiu no buraco se perdeu, com exceção da quantidade total de massa e da quantidade de rotação. Mas se a informação foi perdida, isso suscita um sério problema que vai de encontro ao cerne de nossa compreensão da ciência. Por mais de duzentos anos acreditamos no determinismo científico, ou seja, que as leis da ciência determinam a evolução do universo.

Se a informação de fato fosse perdida nos buracos negros, não seríamos capazes de prever o futuro, porque um buraco negro emitiria uma coleção de partículas qualquer. Ele poderia emitir uma televisão ou uma edição encadernada em couro das obras completas de Shakespeare, embora a chance de emissões tão exóticas seja muito baixa. É bem mais provável que emita ra-

---

* Não é possível conceder o prêmio Nobel postumamente. Infelizmente, essa ambição nunca será realizada.

diação termal, como o brilho de metal incandescente. Pode não parecer importante prever o que sai de um buraco negro: não existem muitos deles nas proximidades. Mas é questão de princípio. Se o determinismo — a previsibilidade do universo — deixa de vigorar nos buracos negros, ele poderia deixar de vigorar em outras situações. Pode haver buracos negros virtuais que surgem como flutuações do vácuo, absorvem um conjunto de partículas, emitem outro e desaparecem no vácuo outra vez. Pior ainda, se o determinismo perde efeito, não podemos ter certeza tampouco sobre o passado. Os livros de história e nossas lembranças poderiam ser apenas ilusões. É o passado que nos diz quem somos. Sem ele, perdemos nossa identidade.

Desse modo, era muito importante determinar se a informação realmente se perdia nos buracos negros ou se, em princípio, podia ser recuperada. Muitos cientistas achavam que provavelmente ela não se perdia, mas por anos ninguém sugeriu um mecanismo pelo qual poderia ser preservada. Essa aparente perda de informação, conhecida como "paradoxo da informação", incomodou os cientistas nos últimos quarenta anos e continua sendo até hoje um dos maiores problemas não solucionados da física teórica.

Recentemente, o interesse em possíveis soluções desse paradoxo renasceu à medida que foram feitas novas descobertas sobre a unificação da gravidade e da mecânica quântica. A compreensão das simetrias do espaço-tempo é fundamental para esses avanços recentes.

Vamos supor que a gravidade não existisse e o espaço-tempo fosse completamente plano. Seria como estar em um deserto absolutamente vazio. Um lugar como esse tem dois tipos de simetria. A primeira é chamada simetria de translação. Se você se movesse de um ponto no deserto até o outro, não notaria a diferença. A segunda é a simetria de rotação. Se você estivesse em um ponto do deserto e começasse a girar, mais uma vez não notaria a menor diferença no que visse. Essas simetrias também são encontradas no espaço-tempo "plano", aquele que encontramos na ausência de toda matéria.

Se puséssemos qualquer coisa nesse deserto, essas simetrias seriam quebradas. Suponhamos que haja uma montanha, um oásis e alguns cactos, então o deserto pareceria diferente em diferentes lugares e em diferentes direções. O mesmo é verdade no espaço-tempo. Se inserimos objetos em um espaço-tempo, as simetrias translacional e rotacional são quebradas. E introduzir objetos em um espaço-tempo é o que produz gravidade.

Um buraco negro é uma região do espaço-tempo onde a gravidade é forte e o espaço-tempo é violentamente distorcido, assim esperamos que suas simetrias sejam quebradas. Entretanto, à medida que nos afastamos dele, a curvatura do espaço-tempo fica cada vez menos curva. Muito longe do buraco negro, o espaço-tempo se parece bastante com o espaço-tempo plano.

Na década de 1960, Hermann Bondi, A. W. Kenneth Metzner, M. G. J. van der Burg e Rainer Sachs fizeram a descoberta verdadeiramente notável de que o espaço-tempo, na ausência de matéria, apresenta uma coleção infinita de simetrias conhecidas como supertranslações. Cada uma dessas simetrias está associada a uma grandeza conservada, conhecida como cargas da supertranslação. Uma grandeza conservada é uma que não muda conforme o sistema evolui. Elas são generalizações de grandezas conservadas mais familiares. Por exemplo, se o espaço-tempo não muda com o tempo, nesse caso a energia é conservada. Se o espaço-tempo parece o mesmo em diferentes pontos do espaço, então o momento linear é conservado.

O mais notável na descoberta das supertranslações é que há uma quantidade infinita de grandezas conservadas longe de um buraco negro. Essas leis de conservação proporcionaram um insight extraordinário e inesperado ao processo na física gravitacional.

Em 2016, junto com meus colaboradores, Malcolm Perry e Andy Strominger, trabalhei no uso desses novos resultados e suas respectivas grandezas conservadas para encontrar uma possível solução do paradoxo da informação. Sabemos que as três propriedades discerníveis dos buracos negros são sua massa, carga e momento angular. Essas são as cargas clássicas que já são de nosso conhecimento havia muito tempo. Entretanto, o buraco negro também transmite uma carga de supertranslação. Assim, talvez os buracos negros guardem muito mais segredos do que pensamos inicialmente. Eles não são carecas, tampouco

6

A VIAGEM NO TEMPO É POSSÍVEL?

têm apenas três fios de cabelo, mas ostentam, na verdade, uma basta cabeleira de supertranslação.

Esse cabelo pode codificar parte da informação sobre o que existe dentro do buraco negro. É provável que essas cargas de supertranslação não contenham toda a informação, mas o resto pode ser explicado por grandezas conservadas adicionais, as cargas de super-rotação, as quais estão associadas a uma coleção extra de simetrias chamadas super-rotações — que ainda não são bem compreendidas. Se isso estiver certo e toda a informação sobre um buraco negro puder ser entendida em termos de seus "cabelos", então talvez não haja perda da informação. Essas ideias foram há pouco corroboradas por nossos mais recentes cálculos. Strominger, Perry e eu, juntos à estudante de graduação Sasha Haco, descobrimos que essas cargas de super-rotação podem explicar toda a entropia de qualquer buraco negro. A mecânica quântica continua a vigorar e a informação fica armazenada no horizonte, a superfície do buraco negro.

Os buracos negros ainda são caracterizados somente por sua massa global, carga elétrica e rotação fora do horizonte de eventos, mas o horizonte de eventos em si contém a informação necessária para nos contar sobre o que caiu dentro do buraco negro de uma maneira que vai além dessas três características que ele possui. Continuamos trabalhando nessas questões e, portanto, o paradoxo da informação permanece sem solução. Mas estou otimista de que estamos no caminho certo. O universo que nos aguarde!

Na ficção científica, dobras do espaço e tempo são lugar-
-comum. Elas são utilizadas para a realização de rápidos deslo-
camentos através da galáxia e também para viajar pelo tempo.
Mas a ficção científica de hoje é muitas vezes o fato científico
de amanhã. Então quais são as chances de uma viagem no tempo se tornar realidade?

A ideia de que o espaço e o tempo podem ser curvados ou
dobrados é razoavelmente recente. Por mais de dois mil anos,
os axiomas da geometria euclidiana foram considerados incon-
testáveis. Aqueles que foram obrigados a estudar geometria na
escola devem se lembrar de que uma das consequências desses
axiomas é que a soma dos ângulos internos de um triângulo
resulta em 180 graus.

Entretanto, no último século as pessoas começaram a perceber que outras formas de geometria, em que a soma dos ângulos de um triângulo não resulta em 180 graus, também eram

possíveis. Considere, por exemplo, a superfície da Terra. A coisa mais próxima de uma linha reta na superfície da Terra é aquilo que chamamos de um grande círculo. Esses círculos são o caminho mais curto entre dois pontos — algo muito bem-aproveitado pelas companhias aéreas, que utilizam esses percursos como rotas de viagem. Considere agora o triângulo na superfície da Terra composto pelo equador, pela linha de 0 grau de longitude passando por Londres e pela linha de 90 graus de longitude leste através de Bangladesh. As duas linhas de longitude se encontram com o equador em um ângulo reto de 90 graus. As duas linhas de longitude também se cruzam no polo Norte a um ângulo de 90 graus. Assim, temos um triângulo com três ângulos retos. A soma dos ângulos desse triângulo é de 270 graus, obviamente maior do que os 180 graus de um triângulo em uma superfície plana. Se traçássemos um triângulo sobre uma superfície em forma de sela, descobriríamos que a soma dos ângulos é menor do que 180 graus.

A superfície na Terra é o que chamamos de espaço bidimensional. Ou seja, podemos nos mover sobre a superfície do planeta em duas direções a um ângulo reto uma da outra: podemos nos mover no sentido norte-sul ou leste-oeste. Mas é claro que há uma terceira direção em ângulo reto com essas duas: para cima ou para baixo. Ou seja, a superfície da Terra existe no espaço tridimensional, e o espaço tridimensional é plano. Isso quer dizer que obedece a geometria euclidiana. A soma dos ângulos de um triângulo é 180 graus. Entretanto, poderíamos imaginar uma raça de criaturas bidimensionais capazes de se mover sobre a superfície da Terra, mas que fossem incapazes de perceber a terceira direção para cima ou para baixo. Elas não saberiam a respeito do espaço plano tridimensional onde se situa a superfície terrestre. Para eles o espaço seria curvo e a geometria seria não euclidiana.

Mas assim como é possível pensar em seres bidimensionais vivendo na superfície da Terra, poderíamos imaginar o espaço tridimensional em que vivemos como se este fosse a superfície de uma esfera em uma dimensão invisível para nós. Se a esfera fosse muito grande, o espaço seria quase plano, tornando a geometria euclidiana uma aproximação muito boa para distâncias pequenas. Mas perceberíamos que ela deixa de funcionar em grandes distâncias. Para ilustrar, imagine uma equipe de pintores dando várias mãos de tinta à superfície de uma enorme bola.

À medida que a camada de tinta fosse ficando mais espessa, a área da superfície ganharia cada vez mais volume. Se a bola estivesse em um espaço tridimensional plano, poderíamos continuar acrescentando tinta indefinidamente e a bola ficaria cada vez maior. Entretanto, se o espaço tridimensional fosse a superfície de uma esfera em outra dimensão, seu volume seria grande, mas finito. À medida que se acrescentassem mais camadas de tinta, a bola acabaria por preencher metade do espaço. Depois disso os pintores perceberiam que estavam aprisionados em uma região que só diminuía, e praticamente todo o espaço estaria ocupado pela bola e suas inúmeras camadas de tinta. Assim, eles saberiam que estavam vivendo em um espaço curvo, não plano.

Esse exemplo mostra que não podemos deduzir a geometria do mundo empregando seus primeiros princípios, como faziam os gregos na antiguidade. Em vez disso, é necessário começar a mensurar o espaço em que vivemos para, a partir daí, descobrir sua geometria por experimentação. Porém, embora uma maneira de descrever espaços curvos tenha sido desenvolvida pelo alemão Bernhard Riemann em 1854, ela permaneceu um mero recurso matemático por sessenta anos. Ela podia descrever espaços curvos que existiam no abstrato, mas não parecia haver motivo para que o espaço físico em que vivíamos fosse curvo. A razão surgiu apenas em 1915, quando Einstein propôs a teoria da relatividade geral.

Essa teoria foi uma revolução intelectual de extrema significância, que foi capaz de transformar o modo como pensamos sobre o universo. É uma teoria que trata não apenas do espaço curvo, mas também do tempo curvo ou deformado. Em 1905, Einstein percebera que o espaço e o tempo estavam intimamente ligados entre si. Podemos descrever a localização de um evento com quatro números, sendo que três deles descrevem a posição do evento. Poderiam ser milhas a norte e a leste de Oxford Circus e a altura acima do nível do mar. Em uma escala mais ampla, poderiam ser a latitude e a longitude galácticas e a distância do centro da galáxia.

O quarto número representa o momento do evento. Assim, é possível pensar em espaço e tempo juntos como uma entidade quadridimensional chamada espaço-tempo. Cada ponto do espaço-tempo é rotulado com quatro números, que especificam sua posição no espaço e no tempo. Realizar a combinação do espaço e do tempo no espaço-tempo dessa maneira pareceria algo um tanto trivial se fosse possível desenredá-los de uma forma única. Ou seja, se houvesse uma única maneira de definir o tempo e a posição de cada evento. Entretanto, em um extraordinário artigo escrito em 1905 enquanto trabalhava em um escritório de patentes na Suíça, Einstein mostrou que o tempo e a posição em que a pessoa acreditava que um evento estivesse ocorrendo estava relacionado com a forma com que ela se movia. Isso significava que o tempo e o espaço estavam inextricavelmente ligados entre si.

Os períodos de tempo atribuídos aos eventos por diferentes observadores seriam os mesmos caso os observadores não estivessem em movimento relativo entre si. No entanto, quanto maior a velocidade relativa entre eles, mais discordariam. Assim, podemos nos perguntar a que velocidade devemos nos mover a fim de que o momento para um observador retroceda relativamente ao momento para outro observador. A resposta está dada no seguinte *limerick*:

Havia uma jovem em Wight
Que viajava mais rápido que a luz

Um dia ela partiu
De maneira relativa
E chegou na noite anterior.

Assim, para viajar no tempo só precisamos de uma espaçonave que se desloque acima da velocidade da luz. Infelizmente, Einstein demonstrou no mesmo artigo que era necessário cada vez mais potência no foguete para acelerar uma espaçonave à medida que ela se aproximasse da velocidade da luz. De modo que precisaríamos de uma quantidade infinita de energia para ultrapassar essa medida.

O artigo de Einstein de 1905 parecia impossibilitar a viagem no tempo para o passado. Também sugeria que a viagem espacial para outras estrelas seria um processo lento e tedioso. Se não pudéssemos viajar mais rápido do que a luz, um bate e volta para a estrela mais próxima de nós levaria no mínimo oito anos; para viajar ao centro da galáxia, seriam necessários cerca de 50 mil anos. Se a espaçonave chegasse muito perto da velocidade da luz, poderia parecer para as pessoas a bordo que a viagem ao centro da galáxia levara apenas alguns anos. Mas isso não serviria de grande consolo se todo mundo que você conhecesse estivesse morto e enterrado há milhares de anos quando voltasse. Tampouco seria de grande proveito para a ficção científica, assim os escritores tiveram de encontrar maneiras de contornar essa dificuldade.

Em seu artigo de 1915, Einstein mostrou que os efeitos da

gravidade podiam ser descritos com o pressuposto de que o espaço-tempo era dobrado ou distorcido pela matéria e energia nele contidas. E essa teoria é conhecida como relatividade geral. Podemos efetivamente observar essa deformação do espaço-tempo produzida pela massa solar na ligeira curvatura da luz ou das ondas de rádio passando nas imediações do Sol.

Isso muda ligeiramente a posição aparente da estrela ou da fonte de rádio quando o Sol está entre a Terra e a fonte. O desvio é muito pequeno, cerca de um milionésimo de grau, o equivalente ao movimento de apenas um centímetro em uma distância de um quilômetro. Não obstante, é um fenômeno que pode ser medido com grande precisão e obedece às previsões da relatividade geral. Temos evidência experimental de que o espaço e o tempo são deformados.

A quantidade de deformação em nosso entorno imediato é muito pequena devido ao fato de que todos os campos gravitacionais no sistema solar são fracos. No entanto, sabemos que existe a possibilidade de campos muito fortes ocorrerem em situações específicas, como no Big Bang ou em buracos negros. Será então que o espaço e o tempo podem ser deformados o suficiente para atender a necessidade da ficção científica por coisas como hiperespaço, buracos de minhoca e viagens no tempo? À primeira vista, tudo isso parece possível. Por exemplo, Kurt Gödel encontrou em 1948 uma solução para as equações de campo da relatividade geral representando um universo em que toda matéria estava em rotação. Nesse universo, seria possível partir numa espaçonave e voltar antes de ter partido. Gödel estava no Instituto de Estudos Avançados em Princeton, onde Einstein também passou seus anos finais. Ele ficou mais famoso por provar que não se poderia provar tudo que é verdadeiro nem sequer em uma área aparentemente simples como aritmética. Mas o que demonstrou sobre a relatividade geral permitir a viagem no tempo preocupou de fato Einstein, que a considerava uma impossibilidade.

Hoje sabemos que a solução de Gödel não corresponde a uma representação fidedigna do universo em que vivemos porque nela não havia expansão. Ela apresentava ainda um valor razoavelmente grande para uma grandeza chamada constante cosmológica, a qual de modo geral se acredita ser zero. Porém, outras soluções aparentemente mais razoáveis que admitem a viagem no tempo foram encontradas posteriormente. Uma que é particularmente interessante compreende duas cordas cósmicas passando uma pela outra a uma velocidade muito próxima, mas ligeiramente menor que a da luz. Cordas cósmicas são uma ideia extraordinária da física teórica que os escritores de ficção científica pelo jeito não captaram muito bem. Como seu nome sugere, parecem com uma corda no sentido de que têm comprimento, mas sua seção transversal é minúscula. Na verdade, estão mais para elásticos, pois ficam sob enorme tensão, algo na faixa de 100 bilhões de bilhões de bilhões de toneladas. Uma corda cósmica presa ao Sol o aceleraria de zero a cem num trigésimo de segundo.

Cordas cósmicas podem soar como ideias forçadas ou pura ficção científica, mas há boas razões para acreditar que possam ter se formado no universo muito primitivo pouco após o Big Bang. Por estarem submetidos a uma enorme tensão, poderíamos esperar que sua aceleração alcançasse uma velocidade quase próxima à da luz.

O universo de Gödel e o espaço-tempo de cordas cósmicas a altas velocidade têm em comum o fato de terem começado tão distorcidos e curvados que o espaço-tempo se curva sobre si mesmo e a viagem para o passado sempre foi possível. Deus pode ter criado esse universo distorcido, mas não temos motivo para pensar que o fez. Todas as evidências apontam que o universo começou no Big Bang sem o tipo de deformação necessária para a viagem ao passado. Como não podemos mudar a maneira como o universo começou, a questão da viagem no tempo passa pela possibilidade de um dia sermos capazes de distorcer o espaço-tempo de modo que consigamos realizar esse feito. Acho que é um tema de pesquisa importante, mas devemos tomar cuidado para que nosso interesse não seja rotulado como uma excentricidade. Se alguém entrasse com um pedido de bolsa para pesquisar a viagem no tempo, ouviria um sonoro não. Nenhum órgão do governo pode se permitir gastar dinheiro público em uma coisa tão exótica. Para contornar isso, é preciso usar termos técnicos, como "curva fechada de tipo tempo". No entanto, trata-se de uma questão muito séria. Uma vez que a relatividade geral pode permitir a viagem no tempo, ela o faz em nosso universo? E se a resposta é não, por quê?

Algo estreitamente ligado à viagem no tempo é a capacidade de ir rapidamente de um ponto a outro no espaço. Como já afirmei antes, Einstein demonstrou que seria preciso uma quantidade infinita de potência para acelerar uma espaçonave para uma velocidade superior que a da luz. Assim, a única maneira de ir de um lado a outro da galáxia em um tempo razoável, aparentemente seria se pudéssemos dobrar o espaço-tempo de tal forma que criássemos um pequeno tubo ou um buraco de minhoca. Ele estaria conectado aos dois lados da galáxia, agindo como um atalho que permitiria ir e voltar a tempo de reencontrar ainda vivos os seus amigos. Os buracos de minhoca foram tratados como algo ao alcance das capacidades de uma futura civilização. Porém, se pudéssemos viajar de um lado a outro da galáxia em uma ou duas semanas, poderíamos passar através de outro buraco de minhoca e chegar antes de ter partido. Com um único buraco de minhoca seria possível inclusive viajar de volta no tempo, caso houvesse movimento relativo entre suas duas extremidades.

É possível demonstrar que, para criar um buraco de minhoca, é necessário deformar o espaço-tempo de maneira oposta à que ele é deformado pela matéria. A matéria comum curva o espaço-tempo sobre si mesmo, como o formato da superfície da Terra. Entretanto, para criar um buraco de minhoca, precisamos de matéria que curve o espaço-tempo de maneira contrária, algo similar à superfície de uma sela. O mesmo seria verdade em relação a qualquer outro modo de dobrar o espaço-tempo que possibilitasse a viagem ao passado, caso o universo não tivesse começado tão distorcido a ponto de permitir a viagem no tempo. Para criar uma dobra espaço-temporal da maneira exigida, os requisitos seriam matéria com massa negativa e densidade de energia negativa.

A energia é como dinheiro. Se o seu saldo no banco é positivo, você pode reparti-lo de várias maneiras. Contudo, segundo as leis clássicas até bem recentemente aceitas, o saque a descoberto da energia não era permitido. Assim as leis clássicas não nos autorizavam a deformar o universo da maneira exigida para permitir a viagem espacial. Entretanto, as leis clássicas foram subvertidas pela teoria quântica, que é a outra grande revolução em nosso retrato do universo além da relatividade geral. A teoria quântica é mais flexível e permite que você use o limite de uma ou duas contas correntes. Quem dera os bancos fossem tão bonzinhos! Em outras palavras, a teoria quântica permite que a densidade de energia seja negativa em alguns lugares, contanto que seja positiva em outros.

A teoria quântica permite que a densidade de energia seja negativa porque se baseia no princípio da incerteza. Segundo esse princípio, certas grandezas não podem ter bem definidos os valores tanto da posição quanto da velocidade de uma partícula. Quanto maior a certeza com que definimos a posição de uma partícula, maior a incerteza em sua velocidade, e vice-versa. O princípio da incerteza também se aplica a fenômenos como o campo eletromagnético ou gravitacional. Ele sugere que esses campos não podem ser exatamente iguais a zero mesmo quando pensamos em termos de espaço vazio. Isso porque, se fossem exatamente zero, seus valores teriam tanto uma posição como uma velocidade bem definidas. Seria uma violação do princípio da incerteza. Em vez disso, os campos precisariam apresentar uma quantidade mínima de flutuações. Essas chamadas flutuações no vácuo podem ser interpretadas como pares de partículas e antipartículas que surgem juntas de repente, afastam-se e depois voltam a se encontrar para se aniquilar mutuamente.

Dizemos que esses pares de partícula/antipartícula são virtuais porque não podemos medi-los diretamente com um detector. Porém, podemos observar seus efeitos indiretamente. Uma maneira de fazer isso é por meio do efeito Casimir. Imagine que você tenha duas placas de metal paralelas e a uma pequena distância entre si. Elas agem como espelhos para as partículas e antipartículas virtuais. Isso significa que a região entre as placas é um pouco como um tubo de órgão, admitindo somente ondas de luz de determinadas frequências ressonantes. O resultado é que há um número ligeiramente menor de flutuações no vácuo ou de partículas virtuais entre as placas do que fora delas, onde as flutuações no vácuo podem ter qualquer comprimento de onda. A diferença do número de partículas virtuais entre as placas e fora das placas indica que as partículas internas não exercem tanta pressão sobre as placas quanto as partículas virtuais externas. Há assim uma ligeira força empurrando as placas na direção uma da outra, que foi mensurada experimentalmente. Logo, partículas virtuais existem de fato e produzem efeitos reais.

Como há menos partículas virtuais ou flutuações no vácuo entre as placas, elas possuem uma densidade de energia mais baixa do que na região externa. Mas a densidade de energia do espaço vazio deve ser zero longe das placas. Caso contrário, ela deformaria o espaço-tempo e o universo não seria quase plano. A densidade de energia na região entre as placas deve, portanto, ser negativa.

Temos evidência experimental, obtida com o desvio da luz, de que o espaço-tempo é curvo e a confirmação — pelo efeito Casimir — de que podemos deformá-lo na direção negativa. Assim parece que, à medida que avançarmos na ciência e na tecnologia, talvez sejamos capazes de construir um buraco de minhoca ou dobrar o espaço e o tempo de alguma outra maneira que nos permita viajar ao passado. Se isso acontecer, criará uma montanha de questões e problemas. Por exemplo, se a viagem no tempo for possível um dia, por que ninguém até hoje voltou do futuro para contar como fazê-lo?

Mesmo que existissem motivos muito sensatos para nos manter na ignorância, fica difícil acreditar — com a natureza humana sendo como é — que ninguém apareceria para revelar a nós, pobres mortais, os segredos dessa questão. Claro que alguns vão alegar que já recebemos visitantes do futuro. Essas pessoas diriam que os OVNIs vêm de lá e que os governos estão empenhados em uma gigantesca conspiração para mantê-los incógnitos e guardar para si o conhecimento científico trazido por tais visitantes. Tudo que posso dizer é que, se os governos estiverem escondendo alguma coisa, estão fazendo um péssimo trabalho em extrair informação útil dos alienígenas. Sou bastante cético quanto a teorias da conspiração, mas acredito na teoria do besteirol. Os relatos sobre OVNIs não podem ser todos causados por seres extraterrestres porque são mutuamente contraditórios. Assumir que alguns sejam enganos ou alucinações é um passo para deduzir que todos o sejam, algo bem mais provável do que estarmos recebendo visitas de seres do futuro ou do outro lado da galáxia. Se eles querem mesmo colonizar a Terra ou nos advertir sobre algum perigo, estão sendo bem incompetentes.

Uma possível maneira de conciliar a viagem no tempo com o fato de nunca termos tido aparentemente nenhum visitante do futuro seria dizer que a viagem no tempo só poderá ocorrer rumo ao futuro. Essa ideia sustenta que o espaço-tempo em nosso passado seria fixo porque o observamos e vimos que não é curvo o bastante para permitir a viagem para trás. Por outro lado, o futuro é aberto e talvez sejamos capazes de dobrá-lo o suficiente para permitir a viagem. Mas como só podemos dobrar o espaço-tempo para frente, não seremos capazes de voltar ao presente ou viajar para o passado.

Esse cenário explicaria por que não fomos invadidos por turistas vindos do amanhã. Mas ainda deixaria um monte de paradoxos. Suponha que fosse possível partir em um foguete e voltar antes de ter partido. O que o impediria de explodir o foguete na plataforma de lançamento ou então simplesmente sabotar a própria partida, para começo de conversa? Há outras versões desse paradoxo, como voltar e matar seus pais antes de nascer, mas eles são, em essência, equivalentes. Parece haver duas soluções possíveis.

Chamarei a primeira de abordagem das histórias consistentes. Ela diz que precisamos encontrar uma solução consistente para as equações da física mesmo que o espaço-tempo seja tão deformado a ponto de possibilitar a viagem ao passado. Nessa visão, não poderíamos partir no foguete para viajar ao passado a menos que já tivéssemos voltado e fracassado em explodir a plataforma de lançamento. É um cenário consistente, mas implicaria que estamos absolutamente definidos: não poderíamos mudar de ideia. Adeus livre-arbítrio!

A segunda possibilidade é o que chamo de abordagem das histórias alternativas. Ela foi defendida pelo físico David Deutsch e me parece ser o que os criadores do filme *De volta para o futuro* tinham em mente. Nessa hipótese, em uma história alternativa ninguém teria regressado do futuro antes que o foguete partisse, e, desse modo, não há a possibilidade de que fosse explodido. Mas quando o viajante volta do futuro, ele entra em uma história alternativa. Nela, a raça humana faz um tremendo esforço para construir uma nave espacial, mas pouco antes do lançamento aparece uma espaçonave similar vinda do outro lado da galáxia e a destrói.

Em defesa da abordagem das histórias alternativas, David Deutsch se baseia no conceito de soma das histórias, introduzido pelo físico Richard Feynman. Segundo a teoria quântica, o universo não possui apenas uma história singular. Em vez disso, contém toda história singular possível, cada uma com sua própria probabilidade. Deve haver uma possível história em que haja paz duradoura no Oriente Médio, embora talvez a probabilidade seja baixa.

Em algumas histórias, o espaço-tempo é tão deformado que objetos como foguetes serão capazes de viajar para o próprio passado. Mas toda história é completa e autossuficiente, descrevendo não só o espaço-tempo curvo, como também os objetos que existem nele. Um foguete não pode se transferir para uma história alternativa quando volta: ele continua na mesma história, que precisa ser consistente consigo mesma. Assim, a despeito das alegações de Deutsch, acho que a ideia da soma das histórias dá mais suporte à hipótese das histórias consistentes do que à ideia das histórias alternativas.

Ao que tudo indica, estamos presos ao cenário das histórias consistentes. Entretanto, ele não precisa envolver problemas de determinismo ou livre-arbítrio caso as probabilidades sejam muito pequenas para histórias em que o espaço-tempo é distorcido a ponto de tornar a viagem no tempo possível por uma

FAZ SENTIDO PREPARAR UMA FESTA PARA VIAJANTES DO TEMPO? VOCÊ TERIA ESPERANÇAS DE QUE ALGUÉM APARECESSE?

Em 2009, dei uma festa para viajantes do tempo em minha faculdade, Gonville & Caius, em Cambridge, para um filme sobre viagem espacial. Para ter certeza de que apenas viajantes do tempo genuínos viriam, só divulguei depois que a festa terminou. No dia da festa, fiquei esperando, mas ninguém apareceu. Fiquei desapontado, mas não surpreso, porque eu havia demonstrado que, se a relatividade geral está correta e a densidade de energia é positiva, a viagem no tempo não é possível. Eu adoraria que uma de minhas conjecturas tivesse se revelado errada.

região macroscópica. Isso é o que chamo de conjectura de proteção da cronologia: as leis da física conspiram para impedir a viagem no tempo em escala macroscópica.

Pelo jeito, quando o espaço-tempo se dobra quase o suficiente para permitir a viagem ao passado, partículas virtuais quase conseguem se tornar partículas reais seguindo trajetórias fechadas. A densidade das partículas virtuais e sua energia ficam muito grandes. Isso significa que a probabilidade dessas histórias é muito baixa. Assim, parece haver uma Agência de Proteção da Cronologia trabalhando para tornar o mundo seguro para historiadores. Mas essa questão de dobras espaciais e temporais ainda está na infância. Segundo uma forma unificada da teoria das cordas conhecida por teoria-M — que é nossa melhor esperança de unificar a relatividade geral e a teoria quântica —, o espaço-tempo deveria ter onze dimensões, não apenas as quatro que percebemos. A ideia é que sete dessas onze dimensões estão recurvadas em um espaço tão pequeno que não podemos notá-las. Por outro lado, as quatro dimensões restantes são razoavelmente planas, e são o que chamamos de espaço-tempo. Se esse quadro estiver correto, talvez seja possível fazer com que as quatro direções planas se misturem às sete direções muito recurvadas ou dobradas. Ainda não sabemos o que surgiria daí, mas a ideia abre possibilidades empolgantes.

Concluindo, a viagem espacial rápida e a viagem no tempo não podem ser descartadas segundo nosso atual entendimento. Elas causariam grandes problemas de lógica, então vamos

EM JANEIRO DE 2018, O *BULLETIN OF THE ATOMIC SCIENTISTS*, periódico fundado por físicos do Projeto Manhattan que haviam trabalhado na criação das primeiras armas atômicas, mudou o Relógio do Juízo Final, que mede a iminência da catástrofe — militar ou ambiental — que ameaça nosso planeta, para dois minutos antes da meia-noite.

A história do relógio é interessante. Ele foi inaugurado em 1947, quando a era atômica mal começara. Robert Oppenheimer, cientista-chefe do Projeto Manhattan, em um relato dois anos após a primeira detonação da bomba atômica, ocorrida em julho de 1945, afirmou: "Sabíamos que o mundo não seria o mesmo. Uns riam, outros choravam, a maioria ficou em silêncio. Lembrei-me de um verso do texto sagrado hindu, o *Bhagavad-Gita*: 'Tornei-me a Morte, a destruidora de mundos.'"

Em 1947, o relógio foi originalmente ajustado para sete minutos antes da meia-noite. Hoje ele está mais próximo do Juízo

Final do que em qualquer outro momento desde então, salvo no início da década de 1950, o começo da Guerra Fria. O relógio e seu movimento são, é claro, inteiramente simbólicos, mas me sinto na obrigação de observar que uma advertência tão alarmante de outros cientistas, motivada em parte pela eleição de Donald Trump, deve ser levada a sério. O relógio — ou a ideia de que o assunto está correndo ou mesmo se esgotando para a raça humana — é realista ou alarmista? A advertência que ele representa seria oportuna ou uma perda de tempo?

Tenho interesse muito pessoal no tempo. Primeiro, meu best-seller, e o principal motivo de eu ser conhecido fora dos limites da comunidade científica, chama-se *Uma breve história do tempo*. Assim, talvez alguns imaginem que eu seja um especialista no assunto, embora hoje em dia um especialista não seja necessariamente uma boa coisa. Segundo, por ser alguém que, aos 21 anos, foi informado pelos médicos de que teria apenas mais cinco anos de vida e que completou 76 anos em 2018, sou um especialista em outro sentido do tempo, muito mais pessoal. Tenho uma aguda e desconfortável consciência da passagem do tempo e durante a maior parte da minha vida convivi com a sensação de que estava, como dizem, fazendo hora extra.

Até onde consigo me lembrar, parece que nosso mundo enfrenta uma instabilidade política maior do que em qualquer outro momento. Uma grande quantidade de pessoas sente ter ficado para trás, econômica e socialmente. Como resultado, tem se voltado a políticos populistas — ou pelo menos populares —, torcer para que a lei de proteção da cronologia impeça as pessoas de voltar para matar os próprios pais. No entanto, os fãs de ficção científica não precisam se desesperar. A teoria-M promete.

7

SOBREVIVEREMOS NA TERRA?

com experiência de governo limitada e cuja capacidade para tomar decisões ponderadas em uma crise ainda está para ser testada. Isso implicaria que um Relógio do Juízo Final deveria se mover para mais perto de um ponto crítico, conforme cresce a perspectiva de que impulsos negligentes e maléficos precipitem o fim do mundo.

A Terra sofre ameaças em tantas frentes que é difícil permanecer otimista. Os perigos são grandes e numerosos demais.

Primeiro, o planeta está ficando pequeno para nós. Nossos recursos físicos estão se esgotando a uma velocidade alarmante. A mudança climática foi uma trágica dádiva humana ao planeta. Temperaturas cada vez mais elevadas, redução da calota polar, desmatamento, superpopulação, doenças, guerras, fome, escassez de água e extermínio de espécies; todos esses problemas poderiam ser resolvidos, mas até hoje não foram.

O aquecimento global está sendo causado por todos nós. Queremos andar de carro, viajar e desfrutar um padrão de vida melhor. Mas quando as pessoas se derem conta do que está acontecendo, pode ser tarde demais. Estamos no limiar de uma Segunda Era Nuclear e de um período de mudança climática sem precedentes; os cientistas têm a responsabilidade, mais uma vez, de informar o público e aconselhar os líderes sobre os perigos enfrentados pela humanidade. Enquanto cientistas, compreendemos os perigos das armas nucleares e seus efeitos devastadores, e estamos aprendendo como as atividades e tecnologias humanas afetam os sistemas climáticos de maneiras que podem transformar para sempre a vida na Terra. Enquanto cidadãos do mundo, temos o dever de partilhar esse conhecimento e alertar o público sobre os riscos desnecessários com os quais convivemos atualmente. Um grande perigo nos espreita se governos e sociedades não tomarem uma atitude imediata para tornar as armas nucleares obsoletas e impedir a continuidade da mudança climática.

Ao mesmo tempo, muitos políticos negam a mudança climática provocada pelo homem, ou ao menos a capacidade do homem de revertê-la, no momento em que nosso mundo enfrenta uma série de crises ambientais. O perigo é que o aquecimento global possa se tornar autossuficiente, caso já não seja. O derretimento das calotas polares ártica e antártica reduz a fração de energia solar refletida de volta no espaço e aumenta ainda mais a temperatura. A mudança climática pode destruir a Amazônia e outras florestas tropicais, eliminando uma das principais ferramentas para a remoção do dióxido de carbono da atmosfera. A elevação na temperatura do oceano pode provocar a liberação de grandes quantidades de dióxido de carbono. Ambos os fenômenos aumentariam o efeito estufa e exacerbariam o aquecimento global, tornando o clima em nosso planeta parecido com o de Vênus: atmosfera escaldante e chuva ácida a uma temperatura de 250°C. A vida humana seria impossível. Precisamos ir além do Protocolo de Kyoto — o acordo internacional adotado em 1997 — e cortar imediatamente as emissões de carbono. Temos a tecnologia. Só precisamos da vontade política.

Podemos ser criaturas ignorantes e irracionais. Quando enfrentamos crises parecidas no passado, em geral havia algum outro lugar para colonizar. Colombo fez isso em 1492, quando chegou ao Novo Mundo. Mas agora não há um novo mundo. Nenhuma utopia apontando no horizonte. Estamos ficando sem espaço, e o único lugar para ir são outros mundos.

O universo é um lugar violento. Estrelas engolem planetas, supernovas disparam raios letais através do espaço, buracos negros colidem entre si e asteroides se deslocam por aí a centenas de quilômetros por segundo. Admito que esses fenômenos não tornam o espaço muito convidativo, mas é exatamente por isso que deveríamos nos aventurar pelo cosmos em vez de ficar de braços cruzados. Uma colisão de asteroides seria algo contra o qual não temos defesa. A última grande colisão desse tipo ocorreu há cerca de 66 milhões de anos e se acredita que tenha exterminado os dinossauros — e vai acontecer de novo. Não é ficção científica; é uma certeza proporcionada pelas leis da física e da probabilidade.

A guerra nuclear provavelmente ainda é a maior ameaça à humanidade no atual momento, embora esse perigo tenha ficado um pouco esquecido. Rússia e Estados Unidos já não vivem com o dedo no botão, mas vamos supor que haja um acidente ou que terroristas ponham as mãos nas armas que esses países ainda possuem. E quanto mais países obtiverem armas nucleares, maior o risco. Mesmo após o fim da Guerra Fria, continua a existir um arsenal de armas nucleares suficiente para matar toda a humanidade, várias vezes, e novas nações nucleares contribuem ainda mais para a instabilidade. Com o tempo, a ameaça nuclear pode diminuir, mas outras surgirão, assim precisamos ficar de olhos abertos.

Seja como for, vejo como quase inevitável que um confronto nuclear ou uma catástrofe ambiental dilacere a Terra em algum momento nos próximos mil anos, o que em termos de tempo geológico é um piscar de olhos. Quando acontecer, tenho esperança e fé de que nossa engenhosa raça terá encontrado uma maneira de escapar dos sombrios grilhões do planeta e, desse modo, sobreviver ao desastre. A mesma providência talvez não seja possível para os milhões de outras espécies que vivem na Terra, e isso pesará em nossa consciência.

A meu ver, estamos agindo com indiferença temerária em relação a nosso futuro na Terra. No momento, não temos outro lugar para ir, mas a longo prazo a raça humana não deveria apostar todas suas energias em um único planeta. Só espero que consigamos escapar antes de destruir tudo. Mas somos, por natureza, exploradores. Somos motivados pela curiosidade, esta qualidade humana única. Foi a curiosidade obstinada que levou os exploradores a provar que a Terra não era plana, e é esse mesmo impulso que nos leva a viajar para as estrelas na velocidade do pensamento, instigando-nos a realmente chegar lá. E sempre que realizamos um grande salto, como nos pousos lunares, exaltamos a humanidade, unimos povos e nações, introduzimos novas descobertas e novas tecnologias. Deixar a Terra exige uma abordagem global combinada — todos devem participar. Temos de reavivar o interesse dos primórdios da viagem espacial, na década de 1960. A tecnologia está quase ao nosso alcance. É hora de explorar outros sistemas solares. Espalharmo-nos pode ser a única coisa que nos salvará de nós mesmos. Estou convencido de que os humanos precisam deixar a Terra. Se ficarmos, a aniquilação é um risco.

• • •

Assim, para além da minha esperança com a exploração espacial, o que o futuro nos reserva e como a ciência pode nos ajudar?

Um retrato popular da ciência no futuro é mostrado em filmes de ficção científica como *Star Trek*. Os produtores de *Star Trek* até me convenceram a participar do seriado — não que tenha sido difícil!

Foi muito divertido, mas menciono a história para falar de uma questão séria. Quase todas as visões do futuro que nos foram apresentadas — de H. G. Wells em diante — eram essencialmente estáticas. Elas mostram uma sociedade que, na maioria dos casos, está muito à frente da nossa em ciência, tecnologia e organização política. (Esta última não deve ser difícil.) No período entre o hoje e o amanhã, deve ter havido grandes mudanças, com suas consequentes tensões e tumultos. Mas no momento em que o futuro é apresentado, a ciência, a tecnologia e a organização da sociedade terão supostamente atingido um nível de quase perfeição.

Questiono essa ideia e me pergunto se algum dia atingiremos um estado final estável na ciência e na tecnologia. Em nenhum momento nos cerca de 10 mil anos desde a última era do gelo a raça humana atravessou uma situação de conhecimento constante e tecnologia estabelecida. Houve retrocessos, como o que costumamos chamar de Idade das Trevas, após a queda do Império Romano. Mas a população mundial, que é uma medida de nossa capacidade tecnológica de preservar a vida e obter alimento para todos, cresceu constantemente, com alguns percalços como a Peste Negra. Nos últimos duzentos anos, esse crescimento às vezes foi exponencial — e a população mundial saltou de um bilhão para cerca de 7,6 bilhões de habitantes. Outras medidas de desenvolvimento tecnológico em tempos recentes são o consumo de energia elétrica e a quantidade de artigos científicos. Eles também mostram um crescimento quase exponencial. Na verdade, hoje em dia nossa expectativa é tão elevada que alguns se sentem enganados pelos políticos e cientistas porque ainda não conquistamos as visões utópicas do futuro. Por exemplo, o filme *2001: uma odisseia no espaço* mostra o ser humano usando uma base na Lua para lançar uma espaçonave tripulada para Júpiter.

O desenvolvimento científico e tecnológico não dá sinal de que irá diminuir dramaticamente e cessar no futuro próximo. Certamente não na época de *Star Trek*, que se passa daqui a mais ou menos 350 anos. Mas a atual taxa de crescimento não pode continuar durante o próximo milênio. No ano de 2600, a população mundial ficaria espremida no planeta e o consumo de eletricidade deixaria a Terra com um fulgor vermelho incandescente. Se empilhássemos os livros recém-publicados, no atual ritmo de produção teríamos que nos mover a cerca de 150 km/h só para conseguir acompanhar o topo da pilha. Claro, 2.600 novas obras artísticas e científicas virão na forma eletrônica, não como livros ou artigos impressos. Não obstante, se o crescimento exponencial continuar, haverá dez artigos por segundo só na minha linha da física teórica e ninguém terá tempo de lê-los.

Fica claro que o atual crescimento exponencial não pode prosseguir indefinidamente. Então o que vai acontecer? Uma possibilidade é que vamos nos destruir por causa de algum desastre como guerra nuclear. Mesmo que não nos destruamos completamente, existe a possibilidade de que possamos mergulhar em um estado de brutalidade e barbárie, como na cena de abertura do *Exterminador*.

Como será a evolução da ciência e da tecnologia no próximo milênio? Essa é uma pergunta muito difícil de responder. Mas quero dar a cara a tapa e arriscar algumas previsões sobre o futuro. Tenho alguma chance de estar certo sobre os próximos cem anos, mas quanto ao restante do milênio não passa de especulação desenfreada.

Nosso moderno entendimento da ciência começou mais ou menos na mesma época da colonização europeia na América do Norte e, no fim do século XIX, parecia que estávamos prestes a conquistar uma compreensão completa do universo nos termos daquelas que hoje conhecemos como as leis clássicas. Mas, como vimos, no século XX as observações começaram a mostrar que a energia vinha em pacotes discretos chamados quanta, e um novo tipo de teoria chamada mecânica quântica foi formulada por Max Planck e outros. Ela representou um retrato bem diferente da realidade, em que as coisas não têm uma história única e singular, e sim todas as histórias possíveis, cada uma com sua própria probabilidade. Quando descemos ao nível das partículas individuais, as histórias possíveis das partículas têm de incluir trajetórias que viajam mais rápido que a luz e até trajetórias que voltam no tempo. Porém, falar dessas trajetórias que voltam no tempo não é apenas como discutir o sexo dos anjos: suas consequências observacionais são reais. Mesmo o que pensamos como espaço vazio é cheio de partículas se movendo em loops fechados no espaço e tempo. Ou seja, elas se movem adiante no tempo de um lado do loop e retrocedem no tempo no outro lado.

O problema é que, por haver um número infinito de pontos no espaço e no tempo, há um número infinito de loops fechados possíveis. E um número infinito de loops fechados de partículas teria uma quantidade infinita de energia e curvaria o espaço e o tempo a um único ponto. Nem a ficção científica pensou em algo tão estranho. Lidar com essa energia infinita exige uma contabilidade realmente criativa, e grande parte do trabalho da física teórica nos últimos vinte anos tem sido procurar uma teoria em que o número infinito de loops fechados no espaço e tempo se anulem completamente. Só então seremos capazes de unificar a teoria quântica com a relatividade geral de Einstein e obter uma teoria completa das leis básicas do universo.

Quais são as perspectivas de que venhamos a descobrir essa teoria completa no próximo milênio? Eu diria que muito boas, mas sou um sujeito otimista. Em 1980 afirmei acreditar que as chances de descobrir uma teoria unificada completa nos vinte anos seguintes eram de 50 por cento. Fizemos alguns progressos notáveis desde então, mas a teoria final parece continuar tão distante quanto antes. Será que o Santo Graal da física continuará eternamente fora de nosso alcance? Acho que não.

No começo do século XX passamos a compreender os mecanismos da natureza nas escalas da física clássica até tamanhos de um centésimo de milímetro. O trabalho sobre física atômica nos primeiros trinta anos do século aumentou nossa compreensão em extensões de um milionésimo de milímetro. Desde então, a pesquisa em física nuclear e de altas energias nos levou a escalas de comprimento ainda menores, na casa dos bilionésimos. Parece que poderíamos continuar assim para sempre, descobrindo estruturas em escalas de comprimento cada vez menores. Porém, assim como em uma matriosca, há um limite para essa série. No final se chega à menor boneca, que não pode mais ser aberta. Na física, a menor matriosca é chamada comprimento de Planck e consiste de um milímetro dividido por 100 mil bilhões de bilhões de bilhões. Não estamos nem perto de construir aceleradores de partículas capazes de investigar distâncias tão pequenas. Eles teriam que ser maiores do que o sistema solar, e no atual clima econômico duvido que a verba para isso fosse aprovada. Entretanto, algumas consequências de nossas teorias podem ser testadas por máquinas bem mais modestas.

Não será possível investigar o comprimento de Planck em laboratório, embora possamos estudar o Big Bang para obter evidência observacional sob energias mais elevadas e escalas de comprimento mais curtas do que podemos conseguir na Terra. Mas na maior parte teremos que contar com a beleza e a consistência da matemática para encontrar a teoria final de tudo.

A visão do futuro abraçada por *Star Trek*, em que atingimos um nível avançado, mas essencialmente estático, talvez se concretize com respeito ao nosso conhecimento das leis básicas que governam o universo. Mas creio que nunca vamos chegar a um estado contínuo nos usos que fazemos dessas leis. A teoria final não imporá um limite à complexidade dos sistemas que podemos produzir. E, na minha opinião, é nessa complexidade que residem as descobertas mais importantes do próximo milênio.

$$\bullet \quad \bullet \quad \bullet$$

Sem dúvida o sistema mais complexo que temos é o nosso corpo. A vida parece ter se originado nos oceanos primordiais que cobriam a Terra há 4 bilhões de anos. Como isso aconteceu, não sabemos. Pode ser que colisões aleatórias entre átomos tenham produzido macromoléculas capazes de se replicar e se recombinar em estruturas mais complexas. O que sabemos com certeza é que há cerca de 3,5 bilhões de anos surgiu a altamente complexa molécula de DNA, que é a base de toda vida na Terra. Sua estrutura de dupla hélice, como uma escada caracol, foi descoberta por Francis Crick e James Watson no laboratório Cavendish, em Cambridge, em 1953. As duas cadeias da dupla hélice estão ligadas por pares de ácidos nucleicos, como degraus numa escada caracol. Há quatro tipos de ácidos nucleicos: citosina, guanina, adenina e timina. A ordem em que os diferentes ácidos nucleicos ocorrem ao longo da escada caracol transmite a informação genética que possibilita à molécula de DNA construir um organismo e se reproduzir. À medida que o DNA fazia cópias de si mesmo, teriam ocorrido erros ocasionais na ordem dos ácidos nucleicos ao longo da espiral. Na maioria dos casos, os erros de cópia teriam impossibilitado o DNA de se reproduzir. Esses erros genéticos — as chamadas mutações — desapareceriam. Mas em alguns casos o erro ou mutação aumentaria as chances de sobrevivência e replicação do DNA. Assim, o conteúdo de informação na sequência de ácidos nucleicos iria gradualmente evoluir e aumentar em complexidade. Essa seleção natural de mutações foi proposta pela primeira vez por outro homem saído de Cambridge, Charles Darwin, em 1858, embora ele não soubesse como o mecanismo funcionava.

Como a evolução biológica é basicamente um passeio aleatório pela grande extensão de todas as possibilidades genéticas, seu ritmo é muito lento. A complexidade, ou quantidade de bits de informação codificados no DNA, é dada, a grosso modo, pelo número de ácidos nucleicos na molécula. Cada bit de informação pode ser entendido como uma resposta a uma questão sim/não. Durante os primeiros 2 bilhões de anos aproximadamente, a taxa de aumento na complexidade deve ter sido da ordem de um bit de informação a cada cem anos. A taxa cresceu gradualmente para cerca de um bit por ano ao longo dos últimos milhões de anos. Mas agora estamos no início de uma nova era em que seremos capazes de aumentar a complexidade de nosso DNA sem ter que esperar pelo lento processo da evolução biológica. Houve relativamente pouca mudança no DNA humano nos últimos 10 mil anos, mas é provável que sejamos capazes de reformulá-lo completamente ao longo de um milênio. Claro que muitas pessoas dirão que a engenharia genética em humanos deve ser proibida, mas duvido que sejamos capazes de impedi-la. A engenharia genética em plantas e animais será permitida por motivos econômicos e alguém fatalmente vai experimentá-la em humanos. A menos que vivamos sob uma ordem global totalitária, alguém vai projetar humanos aperfeiçoados em algum lugar.

Sem dúvida desenvolver humanos melhorados vai criar grandes problemas sociais e políticos em relação aos humanos não melhorados. Não estou defendendo a engenharia genética humana como uma coisa boa, só estou dizendo que é provável que aconteça no próximo milênio, queiramos ou não. É por

QUAL É A MAIOR AMEAÇA AO FUTURO DO PLANETA?

Uma colisão de asteroide seria uma ameaça contra a qual não temos defesa. Mas a última grande colisão de asteroide – a que matou os dinossauros – ocorreu há cerca de 66 milhões de anos. Um perigo mais imediato é a mudança climática descontrolada. Uma elevação na temperatura do oceano derreteria as calotas polares e causaria a liberação de grandes quantidades de dióxido de carbono. Ambos os efeitos poderiam deixar nosso clima como o de Vênus, mas com uma temperatura de 250ºC.

isso que não acredito em uma ficção científica como *Star Trek*, em que as pessoas são essencialmente as mesmas daqui a 350 anos. Acho que a raça humana, e seu DNA, ficarão mais complexos muito rapidamente.

De certa maneira, a raça humana precisa melhorar suas qualidades mentais e físicas se pretende lidar com o mundo cada vez mais complexo em que vivemos e enfrentar novos desafios como a viagem espacial. E também aumentar sua própria complexidade, se espera que os sistemas biológicos continuem à frente dos eletrônicos. No momento, os computadores têm a vantagem da velocidade, mas não mostram nenhum sinal de inteligência. Isso não surpreende, porque os atuais computadores são menos complexos que o cérebro de uma minhoca, espécie que não se destaca por suas grandes faculdades intelectuais. Mas os computadores obedecem vagamente à chamada Lei de Moore, que afirma que sua velocidade e complexidade dobram a cada dezoito meses. Trata-se de um desses crescimentos exponenciais que sem dúvida não pode continuar indefinidamente e de fato já começou a ficar mais lento. Entretanto, é provável que o rápido ritmo de aperfeiçoamento continue até os computadores terem uma complexidade similar à do cérebro humano. Algumas pessoas dirão que os computadores nunca terão inteligência de verdade, seja lá o que isso signifique. Mas me parece que, se moléculas químicas muito complicadas puderam atuar nos humanos para torná-los inteligentes, circuitos eletrônicos igualmente elaborados também podem fazer os computadores agir de maneira inteligente. E se forem inteligentes, presumivelmente poderão projetar computadores dotados de complexidade e inteligência ainda maiores.

É por isso que não acredito no cenário de ficção científica de um futuro avançado, mas inalterado. Pelo contrário, presumo que a complexidade aumente a uma taxa elevada, tanto na esfera biológica como eletrônica. Pouco acontecerá nos próximos cem anos, e é tudo que podemos prever com confiança. Mas ao final do milênio seguinte, se chegarmos lá, a mudança será fundamental.

Lincoln Steffens certa vez afirmou: "Vi o futuro e ele funciona." Na verdade, ele estava falando sobre a União Soviética, que sabemos hoje que não funcionava tão bem assim. Todavia, creio que nossa atual ordem mundial tenha futuro, mas ele será bem diferente.

8

DEVERÍAMOS COLONIZAR O ESPAÇO?

POR QUE IR AO ESPAÇO? COMO JUSTIFICAR O GASTO DE TANTO ES-forço e dinheiro para voltar com mais alguns pedaços de rocha lunar? Não haverá causas mais dignas aqui na Terra? A resposta óbvia é: porque o espaço está aí, à nossa volta. Confinar-se ao planeta equivaleria a ser como náufragos que não tentam escapar de sua ilha deserta. Precisamos explorar o sistema solar e descobrir outros locais que sejam compatíveis com a vida humana.

Em certo sentido, a situação é parecida com o que ocorreu na Europa antes de 1492. Algumas pessoas talvez achassem que seria uma perda de dinheiro mandar Colombo a uma aventura temerária como aquela. Porém, a descoberta do novo continente fez uma profunda diferença para o Velho Mundo. Pense bem, não teríamos Big Mac nem KFC. Nossa conquista do espaço terá consequências ainda maiores. Ela mudará completamente o futuro da raça humana e, quem sabe, determinará se temos de fato um futuro. Não resolverá nenhum dos problemas mais imediatos do planeta, mas nos proporcionará uma nova perspectiva acerca deles, levando-nos a olhar mais para fora do que para dentro da Terra. Tenho esperança de que isso possa nos unir diante do desafio comum.

Essa seria uma estratégia de longo prazo, de centenas ou até milhares de anos. Poderíamos ter uma base na Lua dentro de trinta anos, chegar a Marte em cinquenta e explorar as luas dos planetas mais afastados em duzentos. E com "chegar" eu me refiro a uma espaçonave com humanos a bordo. Já enviamos veículos espaciais a Marte e pousamos uma sonda em Titã, uma das luas de Saturno, mas se considerarmos o futuro da raça humana, teremos que ir pessoalmente.

Explorar o espaço não será barato, mas demandará uma fração ínfima dos recursos mundiais. O orçamento da NASA continua razoavelmente o mesmo em termos concretos desde os tempos do programa Apollo, que levou o homem à Lua, mas caiu de 0,3% do PIB norte-americano em 1970 para cerca de 0,1% em 2017. Mesmo que multiplicássemos o orçamento internacional por vinte para empreender um esforço sério de ir ao espaço, seria apenas uma pequena parcela do PIB mundial.

Há quem argumente que é melhor gastar o dinheiro resolvendo os problemas em nosso mundo, como a mudança climática e a poluição, em vez de desperdiçar recursos em uma busca possivelmente infrutífera por novos planetas habitáveis. Não nego a importância de combater a mudança climática e o aquecimento global, mas podemos fazer isso e ainda reservar 0,25% do PIB mundial para a exploração espacial. Nosso futuro não vale 0,25%?

Na década de 1960, acreditávamos que o espaço merecia um esforço. Em 1962, o presidente Kennedy prometeu que os Estados Unidos levariam o homem à Lua até o fim da década. Em 20 de julho de 1969, Buzz Aldrin e Neil Armstrong pousaram na superfície dela e o evento transformou o futuro da raça humana. Eu tinha 27 anos na época, um pesquisador de Cambridge, e perdi a alunagem. Quando aconteceu, estava num encontro sobre singularidades em Liverpool, assistindo à palestra de René Thom sobre a teoria da catástrofe. Não havia YouTube na época e não tínhamos tevê por lá, mas meu filho de dois anos descreveu a cena para mim.

A corrida espacial ajudou a criar fascínio pela ciência e acelerou nosso progresso tecnológico. Muitos cientistas atuais resolveram seguir carreira graças às missões lunares, almejando uma compreensão maior sobre o ser humano e nosso lugar no universo. Isso proporcionou uma nova perspectiva do mundo, levando-nos a considerar o planeta como um todo. Entretanto, após o último pouso na Lua, em 1972, sem futuros planos de promover o voo espacial tripulado, o interesse do público declinou. Isso foi acompanhado por um desencanto geral com a ciência no Ocidente porque, embora ela tivesse trazido grandes benefícios, não resolvera os problemas sociais que ocupavam cada vez mais a atenção do público.

Um novo programa de voo espacial tripulado ajudaria a restabelecer o entusiasmo geral pelo espaço, bem como pela ciência de modo geral. Missões robóticas são bem mais baratas e podem oferecer mais informações científicas, mas não capturam o imaginário popular da mesma maneira. E não espalham a espécie humana pelo espaço, o que, na minha opinião, deveria ser nossa estratégia de longo prazo. O objetivo de uma base na Lua até 2050 e de um voo tripulado a Marte até 2070 reavivaria o programa espacial e lhe traria um propósito, da mesma maneira que ocorreu com o anúncio do presidente Kennedy na década de 1960. No fim de 2017, Elon Musk anunciou os planos do SpaceX para uma base lunar e uma missão a Marte em 2022, e o presidente Trump assinou uma diretriz para a política espacial restabelecendo o foco da NASA na exploração e na descoberta, então talvez cheguemos lá até antes disso.

O interesse renovado pelo espaço também ajudaria a melhorar a reputação da ciência de um modo geral. A baixa estima com que os cientistas são vistos pelo público trouxe graves consequências. Vivemos em uma sociedade cada vez mais governada pela ciência e tecnologia, contudo há cada vez menos gente querendo seguir carreira científica. Um novo e ambicioso programa espacial empolgaria os jovens e os estimularia a integrar um amplo leque de carreiras, não só astrofísica e ciência espacial.

O mesmo vale para mim. Sempre sonhei com o voo espacial, mas por muitos anos achei que não passaria disso, um sonho.

Confinado à Terra e a uma cadeira de rodas, como poderia experimentar a majestade do espaço a não ser mediante minha imaginação e meu trabalho em física teórica? Nunca pensei que teria oportunidade de ver nosso magnífico planeta do espaço ou contemplar o infinito além. Aquele era o domínio dos astronautas, os sortudos que podem desfrutar das maravilhas e emoções de um voo espacial. Mas eu não levara em consideração a energia e o entusiasmo de indivíduos empenhados em dar o primeiro passo para fora da Terra. Em 2007, tive a felicidade de participar de um voo em gravidade zero e flutuar, livre de peso, pela primeira vez. Durou apenas quatro minutos, mas foi incrível. Eu não queria que terminasse.

Na época citaram palavras minhas sobre o temor de que o futuro da raça humana estaria condenado se não fôssemos ao espaço. Eu acreditava nisso naquele momento e continuo acreditando, e também espero ter demonstrado que qualquer um pode participar de uma viagem espacial. Creio que cabe a cientistas como eu, junto com empreendedores ousados, fazer todo o possível para promover comercialmente a empolgação e as maravilhas da viagem espacial.

Mas será que o ser humano pode existir por longos períodos no espaço? Nossa experiência com a ISS, a Estação Espacial Internacional, mostra que é possível sobreviver por muitos meses longe do planeta. Entretanto, a gravidade zero da órbita provoca uma série de alterações fisiológicas indesejáveis, incluindo enfraquecimento ósseo, além de criar problemas práticos com líquidos e outras coisas. Logo, seria mais desejável contar com uma base de longo prazo para os seres humanos em algum planeta ou lua. Escavando a superfície, obteríamos isolamento térmico e proteção dos meteoros e raios cósmicos. O planeta ou a lua também serviria como fonte da matéria-prima necessária para a comunidade extraterrestre ser autossuficiente e independente da Terra.

Quais são os possíveis locais para uma colônia humana no sistema solar? O mais óbvio é a Lua. Está próxima e é relativamente fácil de alcançar. Já pousamos nela e andamos de buggy por lá. Por outro lado, a Lua é pequena, não tem atmosfera e, ao contrário da Terra, não tem campo magnético para desviar as partículas de radiação solar. Não existe água líquida ali, embora possa haver gelo nas crateras dos polos. Uma colônia lunar poderia usá-lo como fonte de oxigênio, obtendo eletricidade com energia nuclear ou painéis solares. A Lua poderia ser uma base para viajarmos ao restante do sistema solar.

O próximo alvo óbvio é Marte. Sua distância do Sol é 50% maior do que a distância da Terra ao Sol; Marte, portanto, recebe metade do calor. Já teve um campo magnético, mas sua intensidade decaiu há 4 bilhões de anos, deixando o planeta à mercê da radiação solar. Isso privou Marte da maior parte de sua atmosfera: ele tem apenas 1% da pressão atmosférica terrestre. Porém, a pressão deve ter sido elevada no passado, porque observamos o que parecem ter sido cursos d'água e lagos. É impossível haver água líquida na superfície marciana hoje em dia.

Ela se vaporizaria no quase vácuo. Isso sugere que Marte teve um período úmido e quente, durante o qual a vida pode ter surgido, fosse espontaneamente, fosse por panspermia (ou seja, trazida de algum outro lugar no universo). Não há sinal de vida em Marte atualmente, mas se encontrarmos evidência de que já existiu, será um indício razoavelmente alto de que a vida pode se desenvolver em um planeta adequado. Porém, devemos tomar cuidado para não contaminar o planeta com vida levada da Terra. Igualmente, devemos nos precaver para não trazer vida marciana ao voltar. Não teríamos nenhuma resistência contra ela, o que poderia extirpar os seres vivos da face da Terra.

A NASA enviou grande número de espaçonaves a Marte, a começar pela Mariner 4, em 1964. Desde então, ela tem mapeado o planeta com uma série de sondas orbitais, a mais recente sendo a Mars Reconnaissance Orbiter. Essas sondas revelaram vales profundos e as maiores montanhas do sistema solar. A NASA também enviou com sucesso uma série de sondas terrestres à superfície marciana, mais recentemente os dois Mars Rovers. Eles nos enviaram fotos de uma paisagem seca e desértica. Como na Lua, água e oxigênio poderiam ser obtidos com o gelo polar. Também se descobriu que houve atividade vulcânica em Marte, o que teria levado minerais e metais para a superfície, os quais uma colônia poderia usar.

A Lua e Marte são, portanto, os locais mais adequados para colônias espaciais no sistema solar. Mercúrio e Vênus são quentes demais, enquanto Júpiter e Saturno são gigantes gasosos sem superfície sólida. As luas de Marte são muito pequenas e não oferecem mais vantagens do que Marte propriamente dito. Algumas luas de Júpiter e Saturno talvez ofereçam condições. Europa, uma lua de Júpiter, possui superfície de gelo sólido, mas pode haver água líquida sob a superfície em que a vida poderia ter se desenvolvido. Como vamos descobrir? Teremos que pousar em Europa e abrir um buraco?

Titã, uma lua de Saturno, é maior e mais massiva do que a nossa Lua e tem uma atmosfera densa. A missão Cassine–Huygens, da NASA e da Agência Espacial Europeia, pousou uma sonda lá, que enviou fotos da superfície. No entanto, por estar tão longe do Sol, a lua é muito fria, e eu é que não gostaria de morar com vista para um lago de metano líquido.

Mas e quanto a ir audaciosamente para além do sistema solar? Nossas observações indicam que uma fração significativa de estrelas tem planetas em órbita. Até o momento, só conseguimos detectar planetas gigantes, como Júpiter e Saturno, mas é razoável presumir que devem estar acompanhados de planetas menores, como a Terra. De modo que alguns deles ocuparão a zona habitável, onde a estrela fica na distância certa para que haja água líquida na superfície planetária. Há cerca de mil estrelas a trinta anos-luz da Terra. Se 1% delas tiverem planetas do tamanho da Terra na zona habitável, teremos dez candidatos a Novo Mundo.

Considere, por exemplo, Proxima b. Esse exoplaneta, que é o mais próximo da Terra, mas está a 4,2 anos-luz de distância, orbita a estrela Proxima Centauri, pertencente ao sistema estelar Alpha Centauri, e pesquisas recentes indicam que ela guarda algumas semelhanças com a Terra.

Viajar até esses candidatos à vida provavelmente não é possível com a tecnologia atual, mas por meio de nossa imaginação podemos tornar a viagem interestelar em objetivo de longo prazo — para os próximos duzentos a quinhentos anos. A velocidade em que conseguimos enviar um foguete é determinada por duas coisas: a velocidade de exaustão e a fração de sua massa que o foguete perde conforme acelera. A velocidade de exaustão dos foguetes químicos, como os que temos utilizado até o momento, é de cerca de três quilômetros por segundo. Isso acelera cada vez mais os foguetes, e, ao descartarem parte de sua massa, eles aumentam ainda mais sua velocidade. Segundo a NASA, levaria apenas 260 dias para chegar a Marte, com erro de dez dias para mais ou para menos, sendo que alguns cientistas da agência espacial norte-americana preveem até 130 dias. Mas levaria 3 milhões de anos para chegar ao sistema estelar mais próximo. Para viajar mais rápido, seria necessária uma velocidade de exaustão muito maior do que a fornecida por foguetes químicos: a velocidade da própria luz. Um potente raio de luz poderia impelir a espaçonave adiante. A fusão nuclear poderia fornecer 1% da energia à massa da espaçonave, que aceleraria a um décimo da velocidade da luz. Acima disso, precisaríamos da aniquilação de matéria-antimatéria ou de uma forma completamente nova de energia. Na verdade, a distância até Alpha Centauri é tão grande que, para cobri-la no tempo de vida de um ser humano, a espaçonave teria de transportar combustível com a massa aproximada que todas as estrelas na galáxia. Em outras palavras, com a atual tecnologia, a viagem interestelar é completamente impraticável. Alpha Centauri jamais se tornará um ponto turístico.

Temos uma chance de mudar isso graças à nossa imaginação e engenhosidade. Em 2016, juntei-me ao empreendedor Yuri Milner para lançar o Breakthrough Starshot, um programa de pesquisa e desenvolvimento a longo prazo voltado a transformar a viagem interestelar em realidade. Se ele for bem-sucedido, enviaremos uma sonda a Alpha Centauri ainda nesta geração. Mas voltarei ao assunto em breve.

Como começar essa jornada? Até o momento, as tentativas se limitaram a nossa vizinhança cósmica. Após quarenta anos, nossa exploradora mais intrépida, a Voyager 1, mal adentrou o espaço interestelar. Sua velocidade de aproximadamente dezoito quilômetros por segundo significa que levaria cerca de 70 mil anos para chegar a Alpha Centauri. Esse sistema estelar está a cerca de 4,37 anos-luz de distância, ou 40 trilhões de quilômetros. Se houver seres vivos em Alpha Centauri hoje, os sortudos nem fazem ideia da ascensão de Donald Trump.

Não há dúvida de que ingressamos em uma nova era espacial. Os primeiros astronautas da iniciativa privada serão pioneiros, e os primeiros voos serão caríssimos, mas minha esperança é que, com o tempo, eles ficarão ao alcance de muito mais pessoas.

Levar cada vez mais passageiros ao espaço trará novo significado a nosso lugar na Terra e a nossas responsabilidades como seus guardiães e nos ajudará a aceitar nosso lugar e nosso futuro no cosmos — que é onde acredito que reside nosso destino.

O Breakthrough Starshot é uma oportunidade real para o homem fazer as primeiras incursões pelo espaço sideral com a intenção de sondar e considerar as possibilidades de colonização. Trata-se de uma missão de prova de conceito, com base em três conceitos: espaçonaves miniaturizadas, propulsão a luz e lasers com travamento de fase. A Star Chip, uma sonda espacial inteiramente funcional reduzida a alguns centímetros, será ligada a uma vela movida a luz. Feita de metamateriais, a vela de luz não pesa mais que uns poucos gramas. Calcula-se que mil Star Chips e velas a luz, as nanonaves, serão postas em órbita. No solo, um arranjo de lasers em escala quilométrica se combinará em um único raio de luz superpotente. O raio é disparado através da atmosfera, atingindo as velas no espaço com dezenas de gigawatts de potência.

A ideia por trás dessa inovação é fazer a nanonave viajar pelo raio de luz, muito similar ao sonho que Einstein tivera aos dezesseis anos, no qual pegava carona em um raio de luz. Não exatamente na velocidade da luz, mas um quinto disso, ou 160 milhões de quilômetros por hora. Uma tecnologia assim poderia chegar a Marte em menos de uma hora, alcançar Plutão em questão de dias, ultrapassar a Voyager em uma semana e chegar a Alpha Centauri em apenas vinte anos. Uma vez lá, a nanonave poderia registrar imagens de qualquer planeta encontrado no sistema, testar a presença de campos magnéticos e moléculas orgânicas e enviar os dados para a Terra em outro feixe de laser. O sinal diminuto seria recebido pelo mesmo arranjo de parabólicas usadas para emitir o raio de lançamento, e se estima que o retorno levará cerca de quatro anos. Um detalhe importante é que as trajetórias das Star Chips devem incluir um sobrevoo por Proxima b, o planeta do tamanho da Terra que fica na zona habitável da estrela-mãe, em Alpha Centauri. Em 2017, o Breakthrough e o European Southern Observatory uniram forças para promover uma busca por planetas habitáveis em Alpha Centauri.

Há metas secundárias para o Breakthrough Starshot, no entanto. Ele exploraria o sistema solar e detectaria asteroides cuja rota cruza a órbita da Terra ao redor do Sol. Além do mais, o físico alemão Claudius Gros propôs que essa tecnologia também pode ser utilizada para estabelecer uma biosfera de micróbios unicelulares em exoplanetas apenas transitoriamente habitáveis.

Tudo isto é possível até agora, porém há enormes desafios. Um laser com 1 gigawatt de potência forneceria apenas alguns newtons de impulsão, mas a nanonave compensa isso com sua massa de não mais que alguns gramas. Os desafios de engenharia são imensos. A nanonave precisaria sobreviver à aceleração extrema, ao frio, ao vácuo e aos prótons, bem como a colisões contra matéria espacial. Além do mais, concentrar um conjunto de lasers totalizando cem gigawatts nas velas solares será difícil

A ERA DA VIAGEM ESPACIAL CIVIL ESTÁ CHEGANDO. O QUE VOCÊ ACHA QUE ISSO SIGNIFICA PARA NÓS?

Não vejo a hora. Seria um dos primeiros a comprar uma passagem. Espero que daqui a uns cem anos seja possível viajar para qualquer lugar do sistema solar, com exceção talvez dos planetas exteriores. Mas a viagem estelar vai demorar um pouco mais. Calculo que em quinhentos anos teremos visitado algumas estrelas próximas, mas não como em *Star Trek*. Não seremos capazes de viajar a velocidade de dobra espacial. Assim, um bate e volta vai levar ao menos dez anos, provavelmente bem mais que isso.

devido à turbulência atmosférica. Como combinar centenas de lasers através do movimento da atmosfera, como propelir as nanonaves sem incinerá-las e como apontá-las na direção correta? Em seguida, precisaríamos da nanonave funcionando por vinte anos no vácuo congelante, de modo a retornar sinais por quatro anos-luz de distância. Mas esses são problemas técnicos, e desafios de engenharia tendem a ser resolvidos eventualmente. À medida que a tecnologia do projeto amadurece, outras missões empolgantes podem ser imaginadas. Mesmo com um conjunto de lasers menos potente, o tempo de viagem para outros planetas, para fora do sistema solar e para o espaço interestelar ficaria vastamente reduzido.

Claro que não estamos falando de viagem interestelar tripulada, mesmo que a nave pudesse ser projetada na escala humana. Não seria possível pará-la. Mas a cultura humana teria chegado ao estágio interestelar quando finalmente alcançássemos um lugar na galáxia. E se o Breakthrough Starshot enviasse imagens de um planeta habitável orbitando nossa vizinha mais próxima, poderia ser de imensa importância para o futuro da humanidade.

Concluindo, volto a Einstein. Se encontrarmos um planeta no sistema Alpha Centauri, sua imagem capturada por uma câmera viajando a um quinto da velocidade da luz ficará ligeiramente distorcida devido aos efeitos da relatividade especial. Seria a primeira vez que uma espaçonave se deslocaria com rapidez suficiente para observarmos tais efeitos. Na verdade, a teoria de Einstein é crucial para a missão toda. Sem ela, não teríamos lasers nem a capacidade de realizar os cálculos necessários para orientação, registro de imagens e transmissão de dados por mais de 40 trilhões de quilômetros a um quinto da velocidade da luz.

Podemos ver a ligação entre aquele jovem de dezesseis anos sonhando em pegar carona num raio de luz e nosso sonho, o qual pretendemos transformar em realidade: viajar por um raio de luz até as estrelas. Estamos no limiar de uma nova era. A colonização humana de outros planetas não é mais ficção científica e tão logo pode vir a ser um fato científico. A raça humana existe como espécie há cerca de 2 milhões de anos. A civilização começou há cerca de 10 mil anos, e o ritmo do desenvolvimento tem crescido constantemente. Se a humanidade quer continuar a existir daqui a 1 milhão de anos, nosso futuro consiste em ir aonde ninguém jamais esteve.

Torço para que tudo isto dê certo. Tenho que torcer. Não temos outra opção.

9

A INTELIGÊNCIA ARTIFICIAL VAI NOS SUPERAR?

A INTELIGÊNCIA É UM ASPECTO CENTRAL À DEFINIÇÃO DE SER HUmano. Dela provém tudo que a civilização tem a oferecer.

O DNA transmite a estrutura da vida de geração em geração. Formas de vida cada vez mais complexas absorvem as informações que chegam por meio de sensores como olhos e ouvidos e as processam em cérebros ou outros sistemas para elaborar e executar uma ação, como, por exemplo, a transmissão da informação para os músculos. Em nossos 13,8 bilhões de anos de história cósmica, algo maravilhoso aconteceu. Esse processamento da informação ficou tão inteligente que formas de vida se tornaram conscientes. Nosso universo está desperto, ele se deu conta da própria existência. Percebo como um triunfo o fato de nós, mera poeira de estrelas, termos alcançado uma compreensão tão detalhada do universo em que vivemos.

Não vejo diferença significativa entre o funcionamento cerebral de uma minhoca e o processamento de informação por um computador. Acredito também que, do ponto de vista evolucionário, não há diferença qualitativa entre o cérebro de uma minhoca e o cérebro humano. Disso se depreende que computadores podem, em princípio, emular a inteligência humana, ou até melhorá-la. É claramente possível para qualquer um adquirir inteligência mais elevada do que seus pais: evoluímos para ser mais inteligentes do que nossos ancestrais primatas, e Einstein era mais inteligente que seus antepassados.

Se a Lei de Moore continuar vigorando sobre a evolução dos computadores, dobrando sua velocidade e capacidade de memória a cada dezoito meses, o resultado é que as máquinas superarão os humanos em inteligência em algum momento nos próximos cem anos. Quando uma inteligência artificial (IA) se tornar melhor do que os humanos em projetar IA, conseguindo se autoaperfeiçoar de forma recorrente sem ajuda humana, talvez enfrentemos um boom que resulte em máquinas cuja inteligência excederá a nossa em proporção maior do que a nossa excede a das lesmas. Quando isso acontecer, precisaremos ter certeza de que os objetivos dos computadores estejam alinhados com os nossos. É tentador menosprezar a ideia de máquinas superinteligentes como mera ficção científica, mas seria um erro e, possivelmente, nosso pior erro de todos.

Mais ou menos nos últimos vinte anos, a IA tem se voltado à construção de agentes inteligentes, sistemas que compreendem um ambiente particular e agem em relação a ele. Nesse contexto, a inteligência está relacionada a conceitos estatísticos e econômicos de racionalidade — ou seja, coloquialmente, a capacidade de tomar boas decisões, planejar direito e fazer inferências corretas. Como resultado, tem havido um alto grau de integração e fertilização cruzada entre a IA, o aprendizado de máquina, a estatística, a teoria do controle, a neurociência e outros campos do conhecimento. O estabelecimento de estruturas teóricas compartilhadas, combinado à disponibilização de dados e capacidade de processamento, rendeu sucessos notáveis em várias tarefas, tais como reconhecimento de voz, classificação de imagem, veículos autônomos, tradução automática, robôs articulados e sistemas de perguntas e respostas.

À medida que o desenvolvimento nessas e outras áreas passa do laboratório a tecnologias economicamente valiosas, um ciclo virtuoso tem início, pelo qual até mesmo pequenas melhorias correspondem a grande lucro, impulsionando mais e melhores investimentos em pesquisa. Existe hoje em dia amplo consenso de que a pesquisa em IA vem progredindo e que seu impacto na sociedade deve aumentar. Os benefícios potenciais são imensos; não podemos prever o que vamos conseguir quando essa inteligência for aumentada pelas ferramentas oferecidas pela IA. A erradicação das doenças e da pobreza será possível. Devido ao grande potencial da IA, é importante pesquisar como colher seus benefícios ao mesmo tempo em que evitamos potenciais imprevistos. O sucesso na criação da IA seria o maior acontecimento da história humana.

Infelizmente, também pode ser o último, a menos que aprendamos a prevenir os riscos. Usada como um toolkit, a IA pode aumentar nossa inteligência atual para introduzir avanços científicos e sociais. Entretanto, isso também trará perigos. Embora as formas primitivas de inteligência artificial já desenvolvidas tenham se revelado muito úteis, não vejo com bons olhos a criação de algo capaz de se igualar a nós ou nos superar. Minha preocupação é que a IA assuma o controle e reformule seu próprio design a um ritmo cada vez mais acelerado. Os humanos, limitados pela lenta evolução biológica, não conseguiriam competir e seriam substituídos. No futuro, a IA poderia desenvolver vontade própria — e uma vontade conflitante com a nossa. Outros acreditam que os humanos podem dominar o ritmo da tecnologia por um tempo razoavelmente longo e que o potencial da IA para resolver inúmeros problemas mundiais se concretizará. Embora eu seja considerado um otimista, não tenho tanta certeza disso.

A curto prazo, por exemplo, militares ameaçam iniciar uma corrida de sistemas de armas autônomos, que podem selecionar e eliminar seus próprios alvos. Embora a ONU esteja debatendo um tratado para banir esse tipo de armas, os proponentes das armas autônomas em geral se esquecem de fazer perguntas importantes. Qual é o desfecho dessa corrida armamentista? Queremos que armas de IA baratas se tornem as Kalashnikovs de amanhã, vendidas para criminosos e terroristas? Haja vista as preocupações quanto a nossa capacidade de manter o controle a longo prazo sobre sistemas de IA cada vez mais avançados, deveríamos mesmo armá-los e lhes entregar nossas defesas?

Em 2010, sistemas de investimento computadorizados provocaram uma quebra no mercado de ações, conhecida como Flash Crash; na área da defesa, qual seria o aspecto de uma falha gerada por computador? O melhor momento para deter a corrida armamentista autônoma é agora.

A médio prazo, a IA pode automatizar o emprego, trazendo grande prosperidade e igualdade. Se olharmos um pouco mais adiante, não há limites para o que pode ser alcançado. Não existe lei física que impeça as partículas de se organizarem de modo a realizar computações ainda mais avançadas do que os arranjos no cérebro humano. Uma transição explosiva é possível, mas dificilmente será como nos filmes. Como o matemático Irving Good percebeu, em 1965, máquinas com inteligência sobre-humana poderiam repetidamente aperfeiçoar o próprio design, algo que o escritor de ficção científica Vernor Vinge chamou de singularidade tecnológica. Podemos imaginar essa tecnologia tapeando os mercados financeiros, superando a inventividade dos cientistas, aprendendo a manipular mais que os líderes humanos e nos subjugando com armas que seremos incapazes de compreender. Embora o impacto de curto prazo da IA dependa de quem a controla, o impacto de longo prazo depende de nossa duvidosa capacidade de controlá-la.

Em resumo, o advento da IA superinteligente seria a melhor ou a pior coisa para a humanidade. O verdadeiro risco da IA não é sua maldade, mas sua competência. Uma IA superinteligente será extremamente boa em cumprir seus objetivos; se esses objetivos não estiverem alinhados com os nossos, estamos encrencados. Você provavelmente não é um grande inimigo de formigas, que sai por aí pisando nelas por maldade, mas se for o encarregado de um projeto de energia hidrelétrica limpa e houver um formigueiro na área a ser inundada, azar das formigas. Não podemos permitir que a humanidade fique na mesma posição. Devemos planejar de antemão. Se uma civilização alienígena superior nos enviasse uma mensagem dizendo "Vamos chegar daqui a algumas décadas", será que responderíamos "Ok, avisem quando chegar, deixaremos a luz acesa"? Provavelmente não, mas isso está acontecendo com a IA. Pouca pesquisa séria foi dedicada a essas questões, com exceção das realizadas em algumas modestas instituições sem fins lucrativos.

Felizmente, isso está mudando. Pioneiros da tecnologia como Bill Gates, Steve Wozniak e Elon Musk partilham de minha preocupação, e uma cultura salutar de avaliação de riscos e consciência das implicações sociais começa a criar raízes na comunidade de IA. Em janeiro de 2015, Elon Musk, diversos especialistas em IA e eu assinamos uma carta aberta sobre o tema, reivindicando uma pesquisa séria sobre seu impacto na sociedade. No passado, Elon Musk nos advertiu que a inteligência artificial sobre-humana oferece benefícios incalculáveis, mas, se empregada descuidadamente, terá o efeito oposto. Ele e eu somos parte do conselho consultivo do instituto Future of Life, criado para minimizar os riscos de extinção da humanidade e que elaborou o texto do documento. A carta pedia por uma pesquisa concreta sobre como prevenir problemas e, ao mesmo tempo, colher os benefícios que a IA tem a oferecer, e seu objetivo é fazer pesquisadores e desenvolvedores prestarem mais atenção à segurança. Além disso, para os políticos e o público em geral, a carta pretendia ser informativa sem ser alarmista. Acreditamos muito na importância de divulgar à sociedade que os especialistas em IA estão refletindo com seriedade sobre essas questões práticas e éticas. Por exemplo, a IA tem potencial para erradicar a doença e a pobreza, mas os cientistas devem trabalhar para criar uma inteligência artificial que possa ser controlada.

Em outubro de 2016, também inaugurei um novo centro em Cambridge destinado a tratar questões levantadas pelo rápido ritmo do desenvolvimento de IA. O Leverhulme Centre for the Future of Intelligence é um instituto multidisciplinar, dedicado a pesquisar o futuro da inteligência, tão crucial para os rumos de nossa civilização e nossa espécie. Passamos boa parte do tempo estudando história, o que, vamos ser francos, é em grande parte a história da estupidez humana. Assim, é uma mudança bem-vinda que as pessoas estudem em vez disso o futuro da inteligência. Temos consciência dos perigos, mas talvez com as ferramentas dessa nova revolução tecnológica seremos capazes de desfazer parte dos danos causados ao mundo natural pela industrialização.

Acontecimentos recentes no campo da IA incluem o pedido ao Parlamento Europeu de redigir regulamentações para controlar a criação de robôs e IA. De forma surpreendente, isso inclui uma espécie de pessoa eletrônica para assegurar os direitos e as responsabilidades de uma IA mais efetiva e avançada. Um porta-voz do Parlamento Europeu comentou que, à medida que uma quantidade crescente de áreas em nossa vida é afetada por robôs, precisamos nos assegurar que eles estejam, e continuem, a serviço dos humanos. Um relatório apresentado ao Parlamento declara que o mundo está no limiar de uma nova revolução industrial robótica. Ele examina se a concessão de direitos para os robôs enquanto pessoas eletrônicas, em pé de igualdade com a definição legal de uma pessoa de carne e osso, seria admissível. Mas frisa que os pesquisadores e desenvolvedores sempre devem tomar a precaução de incorporar um botão de liga-desliga aos robôs.

Isso não ajudou os cientistas a bordo da espaçonave em *2001: Uma odisseia no espaço*, de Stanley Kubrick, a lidar com o mal funcionamento do computador Hal 9000. Mas não estamos num mundo de ficção. Nós lidamos com fatos. Lorna Brazell, consultora na firma jurídica multinacional Osborne Clarke, afirma no relatório que não concedemos status legal de pessoa a baleias e gorilas, de modo que não faz sentido pular direto para a pessoa robótica. No entanto, o motivo para cautela é real. O relatório admite a possibilidade de que daqui a algumas décadas a IA possa superar a capacidade intelectual humana e desafiar a relação humanos/robôs.

Em 2025, haverá cerca de trinta megacidades no mundo, cada uma com mais de 10 milhões de habitantes. Com toda essa gente demandando o fornecimento de bens e serviços em período integral, a tecnologia poderá nos ajudar a acompanhar o ritmo de nossa ânsia por comércio instantâneo? Os robôs definitivamente vão acelerar o comércio eletrônico, mas para revolucionar o varejo on-line eles precisam ser rápidos o bastante para permitir a entrega dos pedidos no mesmo dia.

As oportunidades de interação com o mundo, sem que precisemos estar fisicamente presentes, aumentam a um ritmo acelerado. Acho isso uma ideia no mínimo convidativa, devido à nossa existência urbana ser tão atarefada. Quantas vezes não desejamos ter uma cópia nossa para dividir as responsabilidades? A criação de substitutos digitais realistas de nós mesmos é um sonho ambicioso, mas a tecnologia mais moderna sugere que pode não ser uma ideia tão forçada quanto parece.

Quando eu era mais jovem, a evolução da tecnologia apontava para um futuro em que todo mundo desfrutaria de maior tempo de lazer. Só que, quanto maior nossa capacidade de produção, mais ocupados nos tornamos. Nossas cidades já estão cheias de máquinas que aumentam nosso potencial, mas e se pudéssemos estar em dois lugares ao mesmo tempo? Estamos acostumados a vozes automatizadas em sistemas telefônicos e anúncios públicos. Hoje o inventor Daniel Kraft pesquisa como podemos nos replicar visualmente. A pergunta é: até que ponto um avatar pode ser convincente?

Instrutores interativos poderiam se revelar úteis em cursos on--line abertos para grande número de pessoas (MOOCs) e entretenimento. Seria bem empolgante. Atores digitais permaneceriam sempre jovens e capazes de realizar proezas de outro modo impossíveis. Nossos futuros ídolos talvez nem sejam reais.

A forma como nos conectamos com o mundo digital é crucial para o progresso a ser feito no futuro. Nas cidades mais inteligentes, as casas estarão equipadas com dispositivos tão intuitivos que interagir com eles será quase casual.

Quando a máquina de escrever foi inventada, ela libertou o modo como interagimos com as máquinas. Quase 150 anos depois, as telas de toque revelaram novas maneiras de comunicação com o mundo digital. Conquistas recentes no campo da IA, como carros autônomos, ou um computador capaz de vencer um jogo de Go, são sinais do que está por vir. Um volume enorme de investimento continua a ser despejado nessa tecnologia, que já representa uma parte importante de nossas vidas. Nas décadas seguintes, ela permeará todos os aspectos de nossa sociedade, nos apoiando e aconselhando em muitas áreas, incluindo saúde pública, trabalho, educação e ciência. As realizações até o momento sem dúvida serão um vulto daquelas que as futuras décadas trarão e não podemos prever o que será possível conseguir quando nossas mentes forem ampliadas pela IA.

Talvez as ferramentas dessa nova revolução tecnológica possam tornar a vida humana mais fácil. Por exemplo, pesquisadores estão desenvolvendo IA que ajudaria a reverter a paralisia em pessoas com lesão na medula espinhal. Empregando implantes de chip de silício e interfaces eletrônicas wireless entre o cérebro e o corpo, a tecnologia permitiria que as pessoas controlassem seus movimentos corporais com o pensamento.

Acredito que o futuro da comunicação são as interfaces cérebro/computador. Há duas maneiras de fazer isso: eletrodos no crânio e implantes. A primeira é como olhar através de um vidro fosco; a segunda é melhor, mas implica o risco de infecções. Se pudermos conectar um cérebro humano à internet, ele terá toda a Wikipedia como recurso.

O mundo se transforma cada vez mais rapidamente conforme aumenta a conexão entre as pessoas, os dispositivos e a informação. A capacidade computacional está crescendo e a computação quântica caminha depressa para se tornar uma realidade. Ela revolucionará a inteligência artificial com velocidades exponencialmente mais aceleradas e difundirá a encriptação. Os computadores quânticos mudarão tudo, até a biologia humana. Já existe até uma técnica para editar DNA com precisão, chamada CRISPR. A base dessa tecnologia de edição genética é um sistema de defesa bacteriano capaz de atacar e editar trechos do código genético. No melhor dos mundos, modificar os genes permitiria tratar as causas genéticas de uma doença, corrigindo suas mutações. No entanto, há possibilidades menos nobres para a manipulação do DNA. Os limites da engenharia genética passarão a ser uma questão premente. Não podemos considerar as possibilidades de cura para doenças — como minha esclerose lateral amiotrófica — sem vislumbrar seus perigos.

POR QUE ESTAMOS TÃO PREOCUPADOS COM A INTELIGÊNCIA ARTIFICIAL? SEM DÚVIDA O SER HUMANO SEMPRE SERÁ CAPAZ DE APERTAR O BOTÃO DE DESLIGAR...

"Deus existe?", perguntaram as pessoas a um computador. "Agora existe", respondeu o computador, e derreteu o botão de desligar.

A inteligência humana é caracterizada pela capacidade de se adaptar a mudanças. É resultado de gerações de seleção natural sobre indivíduos com capacidade para lidar com as novas circunstâncias. Não devemos, portanto, temer as transformações. Precisamos apenas fazer com que elas operem em nosso benefício.

Há um papel a ser desempenhado por todos para garantir que nossa geração e a próxima tenham não apenas a oportunidade, mas também a determinação de nos dedicar plenamente ao estudo da ciência, de modo a conseguir consumar nosso potencial e criar um mundo melhor para toda a raça humana. Precisamos levar o aprendizado para além de uma discussão teórica sobre como a IA *deve ser* e assegurar o planejamento de como ela *pode ser*. Todos nós temos potencial para expandir as fronteiras do que é aceito, ou esperado, e para pensar grande. Estamos às portas de um admirável mundo novo. É um lugar empolgante, ainda que arriscado, e vocês são os pioneiros.

Depois de inventar o fogo e meter os pés pelas mãos com ele, inventamos o extintor de incêndio. Com tecnologias mais poderosas como armas nucleares, biologia sintética e inteligência artificial avançada, devemos planejar com antecedência e tentar fazer as coisas direito da primeira vez, porque ela poderá ser nossa única chance. Nosso futuro é uma corrida entre o potencial de crescimento da tecnologia e nossa sabedoria ao usá-la. Precisamos garantir que a sabedoria vença.

10

COMO MOLDAREMOS O FUTURO?

HÁ UM SÉCULO, ALBERT EINSTEIN REVOLUCIONOU NOSSA COM-
preensão do espaço, tempo, energia e matéria. Continuamos
a nos deparar com extraordinárias confirmações de suas pre-
dições, como as ondas gravitacionais observadas em 2016 pelo
experimento do LIGO. Quando penso em engenhosidade,
Einstein me vem à mente. De onde vinham suas ideias tão inovadoras? Uma mescla de qualidades, talvez: intuição, originali-
dade, talento. Einstein tinha a capacidade de enxergar além da
superfície para revelar a estrutura subjacente. Ele não se deixava
esmorecer pelo senso comum, a ideia de que as coisas devem ser
como parecem. Ele teve a coragem de perseguir ideias que pareciam absurdas para os outros. E isso o liberou para ser inventivo,
um gênio para sua época e todas as demais.

Um elemento crucial para Einstein era a imaginação. Muitas descobertas suas vieram de sua capacidade de reimaginar o
universo mediante experimentos mentais. Com dezesseis anos,

quando devaneou que passeava em um feixe de luz, ele percebeu que de tal perspectiva a luz teria a aparência de uma onda paralisada. Essa imagem acabaria levando à teoria da relatividade especial.

Cem anos depois, os físicos sabem bem mais sobre o universo do que Einstein. Hoje em dia temos ferramentas melhores para fazer descobertas, como aceleradores de partículas, supercomputadores, telescópios espaciais e experimentos, como aqueles sobre ondas gravitacionais no laboratório do LIGO. No entanto, a imaginação continua sendo nosso atributo mais poderoso. Com ela, podemos vagar por qualquer lugar do espaço e do tempo. Podemos presenciar os fenômenos mais exóticos da natureza enquanto dirigimos um carro, cochilamos na cama ou fingimos escutar um chato na festa.

Durante a infância, eu era apaixonado pelo funcionamento das coisas. Naquela época, era mais simples desmontar um objeto para ver seu mecanismo. Nem sempre eu conseguia remontar as peças dos brinquedos que abria, mas acho que aprendi mais do que uma criança aprenderia hoje se tentasse fazer o mesmo com um smartphone.

Meu trabalho ainda é descobrir como as coisas funcionam, embora em outra escala. Não destruo mais trenzinhos. Em vez disso, tento entender o funcionamento do universo usando as leis da física. Se sabemos como algo funciona, podemos controlá-lo. Soa tão simples quando falo dessa maneira... Mas é um trabalho cativante e complexo que me fascinou e empolgou durante toda minha vida adulta. Trabalhei com alguns dos maiores cientistas do mundo. Tive a sorte de viver no que tem sido um período glorioso para meu campo de estudo, a cosmologia, que investiga as origens do universo.

A mente humana é uma coisa incrível. Ela pode conceber a magnificência do firmamento e as complexidades dos componentes básicos da matéria. Porém, toda mente necessita de uma fagulha para atingir seu pleno potencial. A centelha da curiosidade e da dúvida.

Muitas vezes essa centelha vem de um professor. Deixe que me explique. Não fui um aluno exemplar, demorei para aprender a ler e minha caligrafia era ruim. Mas quando estava com quatorze anos, meu professor em St. Albans, Dikran Tahta, mostrou-me como aproveitar minha energia e me encorajou a pensar criativamente em termos matemáticos. Ele abriu meus olhos para as matemáticas como o projeto de construção do próprio universo. Por trás de toda pessoa excepcional, há um professor excepcional. Quando pensamos nas coisas que sabemos fazer na vida, há grandes chances de que as saibamos graças a um professor.

No entanto, a educação, a ciência e a tecnologia correm mais perigo do que nunca. Devido à recente crise financeira global e a medidas de austeridade, há um significativo corte de verbas em todas as áreas da ciência, mas a pesquisa básica tem sido profundamente afetada. Há a ameaça também de nos tornarmos culturalmente isolados e provincianos e cada vez mais distantes de onde o progresso está sendo feito. Na questão da pesquisa, o intercâmbio entre as fronteiras permite que as habilidades sejam transferidas mais rapidamente e proporciona diferentes ideias a novos pesquisadores, derivadas de seus diferentes contextos. Isso pode facilmente contribuir para o progresso nos lugares onde hoje enfrentamos maior dificuldade. Infelizmente, não podemos voltar no tempo. Com o Brexit e Trump trazendo novas pressões sobre a imigração e o futuro da educação, presenciamos uma revolta mundial contra o conhecimento especializado, algo que inclui os cientistas. Assim, o que podemos fazer para assegurar o futuro da educação em ciência e tecnologia?

Volto a meu professor, o sr. Tahta. A base para o futuro da educação deve residir em escolas e professores inspiradores. As escolas, no entanto, oferecem apenas uma estrutura elementar onde às vezes a rotina de decoreba, equações e provas pode indispor os jovens contra a ciência. A maioria das pessoas responde a uma compreensão qualitativa, e não quantitativa, sem a necessidade de equações complicadas. Livros de divulgação científica e artigos sobre ciência também ajudam a explicar ideias sobre o modo como vivemos. Entretanto, apenas uma pequena parcela da população lê até mesmo o best-seller do momento. Documentários e filmes de ciência atingem um público imenso, mas não passam de comunicação de mão única.

Quando comecei nessa área, na década de 1960, a cosmologia era um ramo obscuro e excêntrico dos estudos científicos. Hoje, com seu trabalho teórico e com experimentos bem-sucedidos, como o Grande Colisor de Hádrons e a descoberta do bóson de Higgs, a cosmologia descortinou o universo para nós. Há grandes questões ainda por responder e muito trabalho nos aguarda, mas sabemos mais coisas agora e conquistamos mais coisas em um espaço de tempo relativamente curto do que qualquer um poderia ter imaginado.

Porém, o que está reservado aos jovens de hoje? Posso dizer com confiança que serão mais dependentes da ciência e da tecnologia do que qualquer geração anterior. Eles precisam saber mais sobre ciência do que qualquer um antes deles, porque ela faz parte de suas vidas diárias de uma maneira sem precedentes.

Sem especular demais, há tendências que podemos perceber e problemas incipientes que sabemos que devem ser abordados, agora e no futuro. Entre eles, incluo o aquecimento global, encontrar espaço e recursos para o crescimento descontrolado da população humana na Terra, a rápida extinção de outras espécies, a necessidade de desenvolver fontes de energia renovável, a degradação dos oceanos, o desmatamento e as doenças epidêmicas — só para mencionar alguns.

Há também as grandes invenções do futuro, que vão revolucionar o modo como vivemos, trabalhamos, comemos, nos comunicamos e viajamos. Existe um escopo imenso para a inovação em todos os domínios da vida. Isso é empolgante. Poderíamos prospectar minerais raros na Lua, criar um posto avançado em Marte e encontrar curas e tratamentos para doenças que não oferecem esperança no momento. As maiores questões da existência continuam sem resposta: Como a vida começou na Terra? O que é a consciência? Há alguém lá fora ou estamos sozinhos no universo? Essas são incógnitas para a próxima geração resolver.

Alguns acham que o atual estado da humanidade é o pináculo da evolução e que não iremos mais longe do que isso. Discordo. Deve haver algo muito especial acerca das condições de contorno do nosso universo — e o que pode ser mais especial do que não haver contorno algum? Igualmente, a diligência humana não deve se deixar limitar por nenhuma fronteira. Do modo como vejo, há duas opções para o futuro da humanidade. Primeiro: a exploração do espaço para encontrar planetas alternativos onde viver. Segundo: o uso positivo da inteligência artificial para melhorar nosso mundo.

A Terra está ficando pequena demais para nós. Nossos recursos físicos estão sendo drenados a um ritmo alarmante. A espécie humana presenteou o planeta com desastres, tais como mudança climática, poluição, elevação das temperaturas, redução das calotas polares, desmatamento e dizimação de espécies. E a população está crescendo a um ritmo alarmante. Diante dos números, fica claro que esse crescimento demográfico quase exponencial não pode continuar pelo milênio afora.

Mais uma razão para considerar a colonização de outro planeta é a possibilidade de uma guerra nuclear. Uma teoria diz que o motivo de ainda não termos sido contatados por extraterrestres é que, ao atingir um estágio de desenvolvimento como o nosso, a civilização se torna instável e se autodestrói. Atualmente temos capacidade tecnológica para destruir todos os seres vivos da Terra. Como presenciamos em eventos recentes na Coreia do Norte, esse é um pensamento desanimador e preocupante.

Mas acredito que podemos evitar o fim do mundo, e uma das melhores maneiras de fazermos isso é ir ao espaço e explorar o potencial humano de viver em outros planetas.

O segundo acontecimento que irá impactar o futuro da humanidade é a ascensão da inteligência artificial.

A pesquisa da inteligência artificial está progredindo rapidamente. Conquistas recentes como carros autônomos, um computador vencer no jogo de Go e a chegada dos assistentes pessoais digitais Siri, Google Now e Cortana são meros sintomas de uma corrida pelo progresso da IA, alimentada por investimentos sem precedentes e alicerçada em uma base teórica cada vez mais madura. Tais realizações se tornarão meras sombras diante do que as décadas vindouras trarão.

Mas o advento da IA superinteligente seria ou a melhor ou a pior coisa a acontecer à humanidade. Não temos como saber se seremos auxiliados infinitamente ou ignorados e esquecidos pela IA — ou talvez destruídos por ela. Otimista que sou, acredito que podemos criar IA para o bem do mundo, que ela pode existir em harmonia conosco. Precisamos apenas nos manter conscientes dos riscos, identificá-los, empregar os melhores métodos e controles possíveis e nos preparar com bastante antecedência para as consequências de sua total integração com o nosso mundo.

A tecnologia exerceu enorme impacto em minha vida. Falo por intermédio de um computador. Conto com o auxílio dele para ter a voz que minha doença levou embora. Fui afortunado por perder a fala no início da era do computador pessoal. A Intel tem me dado seu apoio há 25 anos, permitindo-me fazer o que amo todos os dias. Ao longo desse período, o mundo — e o impacto causado pela tecnologia — mudou drasticamente. Ela transformou o modo como vivemos, da comunicação à pesquisa genética, passando pelo acesso à informação e tantas coisas mais. À medida que se tornou mais inteligente, ela abriu as portas a possibilidades que nunca imaginei. A tecnologia sendo desenvolvida para ajudar pessoas com deficiência está dando o exemplo de como derrubar as barreiras de comunicação do passado. Geralmente é um campo de provas para a tecnologia do futuro. De voz para texto, de texto para voz, automação doméstica, veículos adaptados (*drive by wire*) e até mesmo o Segway foram desenvolvidos para deficientes anos antes de entrarem em uso no dia a dia. Essas realizações tecnológicas se devem à centelha que existe dentro de nós, nossa força criativa. A criatividade pode assumir muitas formas, de realizações no mundo físico à física teórica.

Mas ainda há muito por vir. Interfaces cerebrais poderiam tornar esse meio de comunicação — usado por cada vez mais pessoas — mais rápido e mais expressivo. Hoje uso o Facebook: ele me permite conversar diretamente com meus amigos e seguidores no mundo todo, para que consigam acompanhar minhas teorias mais recentes e ver fotos de minhas viagens. Com ele também posso ver o que meus filhos andam aprontando de verdade, e não o que me dizem que estão fazendo.

Assim como a internet, os celulares, os exames de imagem, a orientação por satélite e as redes sociais teriam sido incompreensíveis para a sociedade de apenas algumas gerações atrás, nosso futuro será igualmente transformado de maneiras que mal começamos a conceber. A informação por si só não nos levará até lá, mas seu emprego inteligente e criativo, sim.

Ainda há tanto por vir e espero que essa perspectiva ofereça grande inspiração para os jovens estudantes de hoje. Mas temos um papel a desempenhar para assegurar que a atual geração de crianças tenha não apenas a oportunidade, como também o desejo de mergulhar a fundo no estudo da ciência desde o nível mais básico, de modo que um dia possa concretizar seu potencial e criar um mundo melhor para toda a raça humana. E acredito que o futuro do aprendizado e da educação está na internet. Nela é possível responder, interagir e criar uma verdadeira troca de ideias. De certa forma, a internet conecta todo mundo como os neurônios em um cérebro gigante. Com um QI desses, o que poderá estar além de nosso alcance?

Quando eu era jovem, ainda era aceitável — não para mim, mas em termos sociais — afirmar que você não estava interessado em ciência e que não via por que se dar ao trabalho de aprender. Hoje em dia não é mais assim. Deixe-me explicar melhor. Não estou promovendo a ideia de que todo mundo deve ser cientista quando crescer. Não vejo isso como uma situação ideal, já que o planeta precisa de gente com as mais variadas habilidades. Mas defendo que todos os jovens deveriam estar familiarizados e à vontade com os temas da ciência, independentemente da carreira que seguirem. Esses indivíduos não devem crescer como analfabetos científicos e precisam ser inspirados a se envolver com os acontecimentos em ciência e tecnologia para aprender mais.

Um mundo onde apenas uma minúscula superelite é capaz de compreender os avanços científicos e tecnológicos e suas aplicações seria, a meu ver, um lugar perigoso e limitado. Duvido seriamente que projetos com benefícios de longo prazo, como limpar os oceanos ou curar doenças no mundo em desenvolvimento, receberiam prioridade. Pior ainda, poderíamos descobrir que a tecnologia é usada contra nós e que talvez não tenhamos poder para impedi-la.

Não acredito em limites, seja para o que podemos fazer em nossa vida pessoal, seja para o que a vida e a inteligência podem conquistar no universo. Estamos no limiar de importantes descobertas em todas as áreas da ciência. Sem dúvida, nosso mundo vai mudar enormemente nos próximos cinquenta anos. Vamos descobrir o que aconteceu no Big Bang. Compreenderemos como a vida começou na Terra. Poderemos descobrir até se existe vida em algum outro lugar do cosmos. Embora sejam mínimas as chances de nos comunicarmos com uma espécie extraterrestre inteligente, a importância de um acontecimento

QUE IDEIA REVOLUCIONÁRIA, PEQUENA OU GRANDE, VOCÊ GOSTARIA DE VER ADOTADA PELA HUMANIDADE?

Essa é fácil. Eu gostaria de ver o desenvolvimento da energia de fusão como forma de proporcionar energia limpa ilimitada, e a adoção do carro elétrico. A fusão nuclear se tornaria uma fonte de energia prática e nos daria um suprimento energético inexaurível, livre da poluição ou do aquecimento global.

como esse significa que não devemos desistir de tentar. Temos que seguir explorando nosso habitat cósmico, enviando robôs e humanos para o espaço. Não podemos continuar olhando para o próprio umbigo em um planeta pequeno e cada vez mais poluído e superpovoado. Por meio do esforço científico e da inovação tecnológica, devemos voltar nossa atenção para o universo mais amplo ao mesmo tempo em que lutamos para resolver os problemas na Terra. Sou otimista de que acabaremos criando habitats viáveis para nós em outros planetas. Vamos transcender a Terra e aprender a existir lá fora.

Este não é o fim da história, mas apenas o começo de bilhões de anos de vida florescendo no cosmos.

E um pensamento final: nunca vamos saber de fato de onde virá a próxima grande descoberta científica, tampouco quem a fará. Proporcionar acesso à emoção e ao espanto da revelação científica, criando maneiras inovadoras e acessíveis de atingir o maior público jovem possível, aumentará em muito nossas chances de encontrar e inspirar um novo Einstein. Esteja ele ou ela onde estiver.

Assim, lembre-se de olhar para as estrelas, não para os próprios pés. Tente compreender o que vê e questione que faz o universo existir. Seja curioso. E por mais que a vida pareça difícil, sempre há algo que você pode e consegue fazer. Nunca desista. Deixe sua imaginação correr solta. Molde o futuro.

POSFÁCIO

Lucy Hawking

Em um dia de primavera triste e cinzento em Cambridge, partimos em um cortejo de carros pretos em direção à Great St. Mary's, a igreja da universidade onde os acadêmicos distintos são tradicionalmente enterrados. Fora do período letivo, as ruas pareciam emudecidas. Cambridge estava deserta, sem turistas à vista. As únicas cores fortes vinham das luzes nas motocicletas dos batedores policiais que acompanhavam o carro funerário com o caixão de meu pai, abrindo caminho entre o trânsito esparso.

Então viramos à esquerda. Avistei a multidão, aglomerada em uma das ruas mais reconhecíveis do mundo, a King's Parade, no coração de Cambridge. Nunca havia visto tantas pessoas em silêncio. Com faixas e bandeiras, erguendo câmeras e celulares, a quantidade imensa de pessoas que tomara as ruas observava um silêncio respeitoso enquanto o chefe dos porteiros de Gonville & Caius, a faculdade de meu pai em Cambridge, trajado cerimoniosamente em sua cartola e carregando uma bengala de ébano, caminhava solenemente pela rua para ir ao encontro do carro funerário e acompanhá-lo pelos portões da igreja.

Minha tia apertou minha mão e nós duas começamos a chorar. "Ele teria adorado isso", ela sussurrou para mim.

Desde que meu pai morreu, surgiram tantas coisas que ele teria adorado, tantas coisas que desejei que tivesse visto. Quem dera pudesse ter presenciado a extraordinária manifestação de afeto que o mundo todo lhe dirigia. Quem dera pudesse ficar sabendo como era amado e respeitado profundamente por milhões de pessoas que nunca conheceu. Quem dera soubesse que seria enterrado na abadia de Westminster, entre dois de seus heróis científicos, Isaac Newton e Charles Darwin, e que, ao ser entregue a seu descanso final sob a terra, sua voz seria disparada por um radiotelescópio na direção de um buraco negro.

Mas ele também teria ficado admirado com tamanha comoção. Era um homem surpreendentemente modesto que, embora adorasse os holofotes, parecia perplexo com a própria fama. Uma frase deste livro que saltou aos meus olhos resume sua atitude em relação a si mesmo: "se tiver dado alguma pequena contribuição". É a única pessoa que teria acrescentado "se" a essa sentença. Acho que todo mundo tem certeza absoluta de que deu.

E que contribuição! Tanto na abrangente grandeza de seu trabalho em cosmologia, explorando a estrutura e as origens do universo, como em sua coragem e humor absolutamente humanos em face dos obstáculos. Ele encontrou uma maneira de ir além dos limites do conhecimento ao mesmo tempo em que ultrapassava os limites da persistência. Acredito que foi essa combinação que o tornou tão icônico e, não obstante, tão prestativo e acessível. Ele sofria, mas perseverava. Comunicar-se era um esforço para meu pai — mas ele empreendeu esse esforço adaptando constantemente seu equipamento conforme perdia cada vez mais a mobilidade. Ele escolhia as palavras com cuidado, de modo que tivessem o máximo impacto quando emitidas naquela voz eletrônica monótona que se tornou tão estranhamente expressiva quando usada por ele. Quando falava, as pessoas escutavam, fosse suas opiniões sobre o sistema de saúde britânico, fosse sobre a expansão do universo — e nunca perdendo a oportunidade para emendar uma piada, contada do modo mais impassível, mas com um brilho cúmplice no olhar.

Meu pai também era um homem de família, fato que a maioria não sabia até o filme *A teoria de tudo* ser lançado, em 2014. Certamente não era comum, na década de 1970, encontrar uma pessoa deficiente que fosse casada, com filhos e com um forte senso de autonomia e independência. Quando criança, eu odiava a maneira como estranhos se sentiam à vontade para nos encarar, às vezes boquiabertos, quando meu pai pilotava sua cadeira de rodas a uma velocidade ensandecida por Cambridge, acompanhado por duas cabecinhas loiras, em geral correndo a seu lado ao mesmo tempo em que tentavam tomar sorvete. Eu achava uma incrível falta de educação. Costumava tentar devolver o olhar, mas acho que nunca notaram minha indignação, sobretudo vinda de um rosto de criança todo lambuzado de picolé derretido.

Não foi uma infância normal sob nenhum parâmetro. Eu sabia disso — mas ao mesmo tempo não sabia. Achava que era perfeitamente normal cobrir os adultos de perguntas desafiadoras, porque era assim lá em casa. Somente quando, segundo rumores, reduzi um vigário às lágrimas com minha inquirição minuciosa de sua prova da existência de deus comecei a me dar conta de que não era isso o esperado de mim.

Quando criança, não me considerava do tipo questionador. Achava que esse era meu irmão mais velho, que, à maneira dos irmãos mais velhos, me passava a perna o tempo todo (e na verdade ainda faz isso). Lembro de certas férias familiares — que, como tantas outras, coincidiu misteriosamente com uma conferência de física nos Estados Unidos. Meu irmão e eu comparecemos a algumas palestras — presumivelmente para dar um descanso a minha mãe, tão assoberbada cuidando de todos nós. Naquele tempo, palestras de física não eram populares e definitivamente não eram programa para crianças. Fiquei ali sentada, rabiscando em meu bloco de anotações, mas meu irmão ergueu o bracinho magrelo e fez uma pergunta ao distinto apresentador acadêmico, deixando meu pai cheio de orgulho.

Costumam me perguntar "Como é ser filha de Stephen

Hawking?", e inevitavelmente não há resposta breve para isso. Posso dizer que os bons momentos eram muito bons, os ruins eram intensos e que, entre uma coisa e outra, existia um lugar que costumávamos chamar de "normal... para nós", uma aceitação enquanto adultos de que o normal para nós não seria considerado dessa forma por mais ninguém. Conforme o tempo vai amenizando a dor do luto, tenho refletido que talvez levasse uma eternidade para processar nossas experiências. De certa forma, não tenho certeza se quero mesmo fazer isso. Às vezes, quero apenas me agarrar às últimas palavras ditas por meu pai, que fui uma ótima filha e que não devo ter medo de nada. Nunca vou ser tão corajosa quanto ele — não sou uma pessoa valente por natureza —, mas ele me mostrou que posso tentar. E a tentativa pode acabar se revelando a parte mais importante da coragem.

Meu pai nunca desistia, nunca fugia da luta. Com 75 anos, paralisado e incapaz de mover senão alguns músculos faciais, ainda acordava todos os dias, vestia um terno e ia trabalhar. Ele tinha coisas para fazer e não iria deixar que meras trivialidades ficassem no seu caminho. Mas devo dizer que, se soubesse que haveria motos com batedores presentes a seu enterro, teria lhes pedido para abrir caminho no trânsito matinal diário de sua casa em Cambridge até seu escritório.

Felizmente, ele sabia sobre este livro. Era um dos projetos em que trabalhava no que viria a ser seu último ano na Terra. Sua ideia era juntar seus escritos mais atuais em um só volume.

Assim como tantas outras coisas que aconteceram depois que morreu, eu adoraria que tivesse visto a versão final. Acho que teria ficado orgulhoso deste livro e, quem sabe, até admitisse que dera alguma contribuição.

Lucy Hawking
Julho de 2018

AGRADECIMENTOS

O Stephen Hawking Estate gostaria de agradecer a Kip Thorne, Eddie Redmayne, Paul Davies, Seth Shostak, *dame* Stephanie Shirley, Tom Nabarro, Martin Rees, Malcolm Perry, Paul Shellard, Robert Kirby, Nick Davies, Kate Craigie, Chris Simms, Doug Abrams, Jennifer Hershey, Anne Speyer, Anthea Bain, Jonathan Wood, Elizabeth Forrester, Yuri Milner, Thomas Hertog, Ma Hauteng, Ben Bowie e Fay Dowker por sua ajuda na compilação deste livro.

Stephen Hawking foi renomado por suas colaborações científicas e criativas ao longo de toda sua carreira, fosse com colegas em artigos revolucionários, fosse com equipes de roteiristas, como o time de redatores dos *Simpsons*. Em seus últimos anos, Stephen necessitou de níveis cada vez maiores de assistência das pessoas que o cercavam, tanto tecnicamente como em termos de auxílio à comunicação. Os herdeiros gostariam de agradecer a todos que ajudaram Stephen a se comunicar com o mundo.

ÍNDICE

2001: *Uma odisseia no espaço*, 178, 216

abadia de Westminster, 16, 22, 238
abordagem das histórias alternativas, 163
abordagem das histórias consistentes, 163, 164
ácidos nucleicos, 100, 183
adenina, 97, 183
Agência Espacial Europeia, 198
agressão, 102
Aldrin, Buzz, 193
aleatoriedade *ver* entropia
alienígenas, 106, 162, 214
Alpha Centauri, 199, 200, 202, 204
antipartículas, 160
aquecimento global, 173, 193, 229
Aristarco, 50
Aristóteles, 66
Armstrong, Neil, 193
armas
   autônomas, 212-3
   nucleares, 171, 173, 175, 221
astronomia: como primeira ciência, 113

átomos, 37, 81, 95
avatares, 217

bactérias, 107
Bardeen, Jim, 132
Barish, Barry, 20
Bekenstein, Jacob, 133, 135
Bell, John, 118
Bhagavad-Gita, 171
Big Bang
   campos gravitacionais, 155
   cordas cósmicas, 156
   deus, 54, 57, 61
   energia negativa, 55
   matéria, 94-5
   singularidades, 74
   tempo, 58, 59, 82
Big Crunch, 86
   átomos, 37
   buracos negros, teorema da área, 36-37, 131-32
   cabeleira de supertranslação, 145
   cargas de super-rotação, 145
   deformação no espaço-tempo, 155
   emissão de partículas, 13-14, 38, 137, 137, 140-41

energia de spin, 15
entropia, 16, 38, 91, 133, 135, 145
formação, 126-27, 129, 133, 134-35
gravidade de superfície, 132-33, 135, 137
horizontes de eventos, 37, 38, 130-31, 145
imprevisibilidade de partículas, 120
informações, 21-22, 38, 135, 136, 141
massa, 131, 133, 135, 139, 141
microburacos negros, 140
o antigo debate de Michell, 126
ondas gravitacionais, 17, 18, 131
paradoxo da informação, 142, 144-45
radiação, 16, 37-38, 137, 139, 141-42
singularidades, 14, 129
temperatura, 16, 135, 136
tempo, 58
teorema sem cabelo, 130, 136
Bondi, Hermann, 71, 143
boshongo (povo), 66
Brazell, Lorna, 216
Breakthrough Starshot, 200, 201-4
Breakthrough Listen Initiatives, 108
breve história do tempo, Uma, 42, 172
Bumba, 66
buracos de minhoca 155, 158, 161

cadeira de rodas, 39, 41
Cambridge, 237
campos eletromagnéticos: flutuações no vácuo, 160
campos gravitacionais, 132, 139, 155
caos, 115
carbono, 93, 94, 95
Carter, Brandon, 132
cassinos, 75-6
causalidade, 72
cérebros, 210
CERN, Genebra, 85, 140
Chandrasekhar, Subrahmanyan, 127

Chiin, Richard, 32
ciência
avanços modernos, 179
desenvolvimento futuro, 181
ensino, 221, 227, 233
importância, 28, 227, 233, 236
investimento, 227
leis da natureza, 50-2, 55, 56, 57, 58, 59
opinião pública, 194, 228, 233
perspectiva para a humanidade, 28, 45
civilização, 209, 230
ver também humanidade
colisões de asteroides, 175, 202
colonização extraterrestre, 104, 196, 204, 230
cometas, 107
comunicação, 219, 232, 234
complexidade, 184
comprimento de Planck, 181, 182
computadores
crescimento exponencial, 186, 210
inteligência, 210
quânticos, 219
ver também inteligência artificial
condições de contorno, 77-8, 230
conjectura da censura cósmica, 129
conjectura da proteção da cronologia, 166
consciência, 209
constante cosmológica, 156
constante de Planck, 117
cordas cósmicas, 156
crescimento demográfico, 177-78, 216-17, 229, 230
criatividade, 232
Crick, Francis, 96, 183
CRISPR, 219
curiosidade, 27, 29, 176, 227
citosina, 97, 183

Darwin, Charles, 183
De volta para o futuro (filme), 163
deficiência, 50, 232
desenvolvimento tecnológico, 178
   ver também inteligência artificial
desordem *ver* entropia
desvio de Lamb, 139
detectores de ondas gravitacionais
   LIGO, 20, 131, 225
determinismo, 164
determinismo científico, 52, 114, 115, 141
deus
   artigo no *The Times*, 49-50
   Big Bang, 54, 57, 61
   inteligência artificial, 220
   leis da natureza, 50-2, 55, 56, 57, 58, 59
   opinião de Einstein, 52, 75, 118
   princípio da incerteza, 117
Deutsch, David, 163
dimensões, 80, 93, 140, 150, 166
dinossauros, 108, 175
Dirac, Paul, 119
DNA
   estrutura, 183, 184
   evolução, 183, 184
   informações, 184, 209
   ver também engenharia genética
Drever, Ronald, 20
doença do neurônio motor *ver* esclerose lateral amiotrófica

eclipses, 49
educação, 218, 227-28, 233, 240
efeito Casimir, 160
Einstein, Albert
   deus, 51-52, 75, 118
   estrelas e gravidade, 126-27
   feixe de luz, 226
   relatividade especial, 152, 204, 226

relatividade geral, 13, 73-77, 152, 181
   talentos, 225
elétrons, 93
Ellis, George, 37
emissões de carbono, 174
energia
   energia negativa, 55, 56
   equivalência massa-energia, 54
   expansão do espaço, 57
   fontes renováveis, 229
   grandeza conservada, 144
   informação, 136
   mecânica quântica, 180
   vida, 91
engenharia genética, 104-5, 184, 219
entropia
   buracos negros, 16, 38, 132, 135, 137, 145
   segunda lei da termodinâmica, 91, 132
equação de Schröedinger, 119
equações de Einstein, 126, 129
esclerose lateral amiotrófica (ELA), 34, 219
escuridão do céu à noite, 69
espaço
   densidade, 68, 83, 84, 87, 95
   energia negativa, 55, 56
   exigência para o universo, 53-4
espaço-tempo
   dimensões, 80, 93, 140, 149, 166
   dobra, 19, 120, 149, 154, 160, 164
   gravidade, 143
   início, 14, 58, 82
   relatividade geral, 77
   simetrias, 142
   singularidades, 128
especialização, 102
Estação Espacial Internacional (ISS), 195-96
estrelas
   anã branca, 127

colapso gravitacional, 126, 128, 129, 133

estrelas de nêutrons, 127-8

expectativa de vida, 98

formação, 68-9, 95

fusão, 58

gravidade, 126

planetas, 96

teorias gregas antigas, 66-7

estrutura em larga escala do espaço- -tempo, A, 37

Europa, 191

evento, localização de, 152

evolução, 100, 101, 107, 183, 210, 212

exoplanetas, 198, 202

expansão urbana, 216-7

exploração, 177, 191

exterminador do futuro, O (filme), 179

extinção, 108, 175

extraterrestres, 108, 162, 230

Facebook, 232

faculdade Gonville & Caius, Cambridge, 35, 237

ferro, 95

Feynman, Richard, 77-8, 79, 164

ficção científica, 105, 149, 154, 155-6, 186, 205, 210, 213

foguetes, 154, 199

fossil, 98

função de onda, 119

fusão, 58, 132

futuro

desenvolvimento tecnológico, 178

do universo, 86-7

importância da ciência, 228, 233, 236

previsão, 75, 114, 129

ver também viagem no tempo

galáxias

desvio para o vermelho, 30

formação, 84, 94

movimento, 70

quantidade, 67-8

Galileu, 18, 29

Gates, Bill, 214

genes, 92, 104, *ver também* DNA

geometria, 149

geometria euclidiana, 149, 151

Gödel, Kurt, 155

Gold, Thomas, 71

Good, Irving, 213

Grande Colisor de Hádrons (LHC), 140

grandeza conservada, 144

gravidade

colapso estelar, 129

dimensões, 140

efeitos de gravidade zero, 195-96

espaço-tempo, 120, 143

futuro do universo, 86

gravidade quântica, 17, 85

Leis de Newton, 81, 114

velocidade de escape, 126

gravidade quântica, 17, 85

gregos na Antiguidade

estrelas, 50-51

geometria, 151-52

universo, 66

Gros, Claudius, 202

guanina, 97, 183

guerra, 230

Haco, Sasha, 145

Hamlet, 65, 87

Hartle, Jim, 40, 78

Hawking, Jane (primeira esposa), 14, 17, 35

Hawking, Lucy (filha), 17, 35, 36, 237

Hawking, Robert (filho), 17, 35

Hawking, Stephen

casamento com Jane, 17 , 35

conhece Kip Thorne, 13, 14

em Cambridge, 13, 33, 39

BREVES RESPOSTAS PARA GRANDES QUESTÕES **249**

em Moscou, 15
em Oxford, 33
enterro, 11, 22, 237-38, 241
esclerose lateral amiotrófica (ELA),
   34, 219
filhos, 17, 239
livros, 33, 41-42, 100, 172, 241
nascimento e infância, 29, 43, 226
no Caltech, 17, 39
no Irã, 32
opinião sobre *A teoria de tudo*, 11
pedra memorial, 16
perde pousos na Lua, 193
personalidade, 9-10, 237-38, 240-41
sintetizador de voz, 41
traqueostomia, 41
voo em gravidade zero, 195
Hawking, Timothy (filho), 35
Heisenberg, Werner, 75, 116, 120
hélio, 95
Hooke, Robert, 81
horizontes de eventos, 37, 38, 130
Hoyle, Fred, 33, 71
Hubble, Edwin, 70
humanidade
   crescimento demográfico, 177-78,
      216-17, 229, 230
   engenharia genética, 104-5, 184
   existência, 79, 91
   linguagem, 101
   perspectiva, 28, 45
   potencial, 219, 231
   ver também princípio antrópico
hidrogênio, 95

ideologia, 73
imaginação, 225, 236
infinito, 65
inflação, 83, 84-5
informação
   buracos negros, 21, 37, 134, 135-36,
      141, 144

DNA, 100-1, 183, 209
energia e massa, 136
especialização, 102
linguagem, 99, 101
livros, 100, 101
   paradoxo da informação, 142-45
   possibilidades futuras, 231-32
inovação, 229
instintos, 102, 104
instituto Future of Life, 214
inteligência artificial (IA)
   benefícios da, 210-11, 212
   descobertas atuais, 210-12
   em comparação com os humanos,
      186, 209-10
   possibilidades futuras, 216-19, 231-
      32
   regulamentação, 214-15
   riscos, 213, 214, 221
interfaces cérebro-computador, 219,
   232-33
internet no ensino, 233
Interestelar (filme), 140
Irã, 32

Jogos Paralímpicos, Londres, 44
Júpiter, 107, 198
Jurassic Park (filme), 115

Kant, Immanuel, 67, 69
Kennedy, J. F., 193
Khalatnikov, Isaak, 72, 73
Kraft, Daniel, 217

Landau, Lev, 127
Laplace, Pierre-Simon, 114, 118
Lei de Moore, 186, 210
leis da natureza, 50-2, 55, 56, 57, 58,
   59
Leverhulme Centre fot the Future of
   Intelligence, 215
Lifshitz, Evgeny, 72, 73

250   STEPHEN HAWKING

limerick, 153
linguagem, 99, 101
livre-arbítrio, 163, 164
livros, 100-1, 179
Lua
   colonização 195-96, 197-98
   eclipse, 51
   mitos da criação, 66
   viagem espacial, 192, 193
luz
   desvio para o vermelho das galáxias, 30
   velocidade da, 126, 130, 154
   viagem espacial, 195, 203

máquinas, 105-6
Marte, 192, 194, 197
massa, 53, 54, 133, 136
matemática, 227
matéria, 53, 54, 85, 133, 158
mecânica quântica
   buracos negros, 16, 21, 37, 135, 145
   desenvolvimento da teoria, 115-7, 179
   energia, 115, 159, 179
   função de onda, 119
   partículas subatômicas, 57, 115
   partículas virtuais, 135, 160
   ver também princípio da incerteza
metabolismo, 92
Metzner, A. W. Kenneth, 143
Michell, John, 125-6
micro-ondas *ver* radiação cósmica de fundo
Milner, Yuri, 200
minhocas, 209-10
missão Cassini-Huygens, 198
mitos da criação, 66
mudança climática, 173, 174, 185, 192, 230
mudança, 219
Musk, Elon, 194, 214

nanonaves, 201, 204
NASA, 192, 194, 199
nebulosas, 70
nêutrons, 94
Newton, Isaac, 81, 113

ondas de rádio: fundo, 71
   ver também radiação cósmica de fundo
ondas eletromagnéticas, 17-18
ondas gravitacionais, 18, 22, 131, 225
Oppenheimer, Robert, 128, 171
órbitas, 81, 95, 126
OVNIs, 106, 162
Oxford, 33
oxigênio, 95

parasitas, 92
partícula de Higgs, 85
partículas virtuais, 137, 139, 160
partículas
   Big Bang, 94
   cálculo do comportamento, 114, 116
   função de onda, 119
   giro, 116
   Grande Colisor de Hádrons (LHC), 140
   partículas virtuais, 135, 160
   velocidade de escape, 125
   ver também mecânica quântica; princípio da incerteza
Penrose, Roger, 14, 36, 73, 129
Penzias, Arno, 83
Perry, Malcolm, 144
Planck, Max, 117, 180
planetas
   colonização, 105, 202, 203, 204, 230-31
   exoplaneta, 198
   órbitas, 81
populismo, 172

Prêmio Nobel, 140
previsão do tempo, 115
previsão passada, 76-7, 141
previsão, 75, 114, 129
princípio antrópico, 79, 80, 93-94, 107
princípio da incerteza, 75, 76, 83, 117, 118, 120, 134, 159
probabilidade, 76, 164, 180
professor lucasiano de matemática, 40
professores, 228
Projeto Manhattan, 171
Prometeu, 65
proposição sem-contorno, 78, 82
Protocolo de Kyoto, 174
prótons, 57, 94
Proxima b, 198, 202

quasares, 128
questões
importância das grandes, 27-8, 43
importância de fazer, 35, 230

radiação Hawking, 16, 38, 83
radiação
buracos negros, 17, 37, 38, 136, 138, 141
radiação cósmica de fundo, 30, 74, 83
mecânica quântica, 115
rádio, 18
redes sociais, 233
Redmayne, Eddie, 33
relatividade geral
solução de Gödel, 155
gravidade, 126, 154-55
partículas, 75
espaço-tempo, 68, 126, 152, 154-55
teoria unificada, 79
Big Bang, 73-4, 76
buracos negros, 16, 37, 135
relatividade especial, 204, 226
relatividade, 105
ver também relatividade geral

religião, 49
Relógio do Juízo Final, 171
replicação do DNA, 183
Riemann, Bernhard, 152
RNA, 99
Royal Society, 39
Ryle, Martin, 71

Sachs, Rainer, 143
satélite WMAP, 84
satélites, 84
Saturno, 197
Schröedinger, Erwin, 119
Sciama, Dennis, 33
Shakespeare, William, 141
Shoemaker-Levy, cometa, 107
simetria de rotação, 143
simetria de translação, 143
singularidades, 14, 22, 36-7, 74, 128, 129
sintetizador de voz, 41
sistema solar: a conclusão de Aristarco, 50-1
Snyder, Hartland, 128
Sol
deformação do espaço-tempo, 155
expectativa de vida, 98
fusão, 58
mitos da criação, 66
órbita, 126
soma das histórias, conceito da, 164
sonda espacial Planck, 84
Star Chip, 201
Star Trek, 177, 182, 186, 203
Starobinski, Alexei, 15
Steffens, Lincoln, 187
Strominger, Andy, 144
super-humano, 104
supernovas, 95
super-rotações, 145
superstições, 27
supersimetria, 85

252 STEPHEN HAWKING

supertranslação, 144
simetrias, 142

tamanho, 134
telescópio espacial Hubble, 68
televisão, 18
temperatura Hawking, 16
tempo
  buracos negros, 58
  Einstein, 67-8, 152
  imaginário, 78
  início, 14, 58, 82
  Kant, 69
  mitos da criação, 66
  singularidade, 14
  ver também espaço-tempo
teorema sem cabelo, 130, 136, 145
teoria das cordas, 166
teoria de tudo, A (filme), 9, 11, 215239
teoria do estado estacionário 33, 71
teoria unificada, 77, 79, 181
teoria-M, 79, 80, 85, 166
teorias da conspiração, 161-62
teorias das variáveis ocultas, 118
termodinâmica, 16, 37, 132
Terra
  conclusão de Aristarco, 51
  crescimento demográfico, 177-78,
    216-17, 229, 230
  dimensões, 150
  formação, 96
  humanidade, 171, 230, 236
  mudança climática, 173, 174, 185,
    192, 230
  órbita, 126
  perspectiva, 19
  Relógio do Juízo Final, 171
  vida, 97
terremoto de Bou'in-Zahra, 32
terremotos, 32
Thorne, Kip S.
  em Moscou, 14-5

conhece Hawking, 13, 14
ondas gravitacionais, 17, 19-20
convida Hawking ao Caltech, 17, 39
timina, 97, 183
Titã, 192, 198
traqueostomia, 41
triângulo, 149
Trump, Donald, 172, 200

universo
  conceito da soma das histórias, 164
  condições de contorno, 230
  energia negativa, 55, 56
  escuridão do céu à noite, 69
  expansão, 14, 36, 40, 70, 83
  futuro do, 86
  inflação, 83, 84-5
  multiplicidade, 85
  origem, 13-4, 20, 36, 51, 57, 60-1,
    67, 70-1, 72, 77, 86
  princípio antrópico, 93
  tamanho, 68
  teoria do estado estacionário, 33,
    72-3
  teorias gregas antigas, 66-7
University College, Oxford, 31
Ussher, bispo, 66

van der Burg, M. G. J., 143
varejo, 217
velocidade de escape, 126
viagem espacial
  Breakthrough Starshot, 200, 201-4
  buracos de minhoca, 158
  comparada ao risco de ficar na Ter-
    ra, 191-2, 195, 229
  empresas privadas, 193, 200, 203
  histórica, 193, 197
  limitações de foguetes, 199
  possibilidades futuras, 192, 193,
    196-7
  recursos necessários, 192

tempo de viagem comparado com a vida útil, 105, 154
viagem no tempo, 149, 154, 156, 157-59, 161-62, 164-65
viagens no hiperespaço, 155
vida após a morte, 61
vida inteligente
consciência, 209
dimensões do universo, 79
em outros lugares, 91, 103, 107
evolução, 107, 210
mudança, 221
princípio antrópico, 79
ver também inteligência artificial
vida
como sistema ordenado, 92
DNA, 183
em Marte, 197

máquinas, 105-6
requisitos para a, 92, 98, 106
ver também vida inteligente
vikings, 49
Vinge, Vernor, 213
vírus de computador, 93
vírus, 92, 104
Volkoff, George, 128
Voyager, 200

Watson, James, 96, 183
Weiss, Rainer (Rai), 18, 20
Wheeler, John, 127, 129
Wilson, Robert, 83
Woltosz, Walt, 41
Wozniak, Steve, 214

Zel'dovich, Iakov Borisovitch, 15

intrinseca.com.br

@intrinseca

editoraintrinseca

@intrinseca

@editoraintrinseca

editoraintrinseca

2ª edição	SETEMBRO DE 2024
impressão	CROMOSETE
papel de miolo	LUX CREAM 60 G/M²
papel de capa	CARTÃO SUPREMO 250 G/M²
tipografia	ELECTRA